U0056238
驚！
這麼好吃竟然是
減醣＆低脂？！
告別
節食地獄的
慾望系
飽足餐
現任護理師媽媽
石原彩乃．著
曹茹蘋．譯

前言

使用健康的材料，卻有品嚐高熱量食物的滿足感。這就是我的堅持

大家好，我是現任護理師兼雙寶媽的石原彩乃！

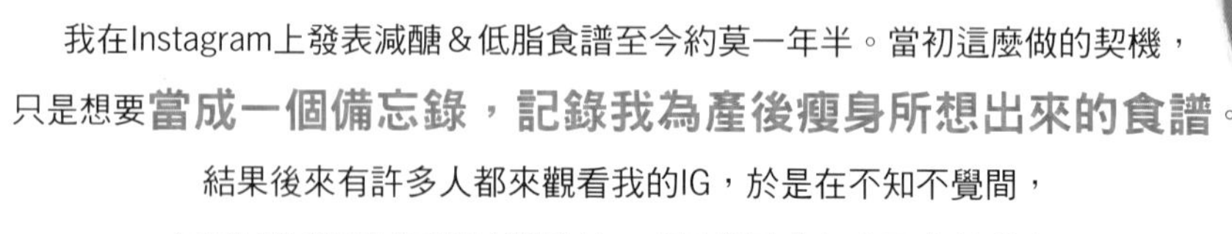

我在Instagram上發表減醣＆低脂食譜至今約莫一年半。當初這麼做的契機，
只是想要**當成一個備忘錄，記錄我為產後瘦身所想出來的食譜**。
結果後來有許多人都來觀看我的IG，於是在不知不覺間，
每天試作料理以回饋追蹤粉絲，成了激勵我努力下去的動力。

本書中介紹的食譜，不單單只會「讓你瘦」，
更是**以「點心就是補品」為宗旨，**
用點心來補充應該攝取的營養所想出來的。
除了能夠攝取到大量現代飲食容易缺乏的蛋白質和膳食纖維，
還減少了一般人容易攝取過多、造成肥胖的醣類和脂肪。
不僅如此，還有**排便順暢、皮膚變好的好處**。
說起為什麼會有這種效果……
那是因為材料和一般零食不同，
只採用**燕麥片、豆渣粉、豆腐等**健康食材。

另外，每天從事護理師工作的我，
也想為了因疾病和體質而需要嚴格控制飲食的人們，
增添吃東西的樂趣和選項。所以，儘管材料很健康，
成品走的卻是讓胃和心靈都能獲得滿足的高熱量風格。
就算減肥瘦身也不必放棄美食，
我由衷希望大家都能活得身心健康又美麗！

毫無壓力！

零食、點心照吃還是

瘦了8kg！

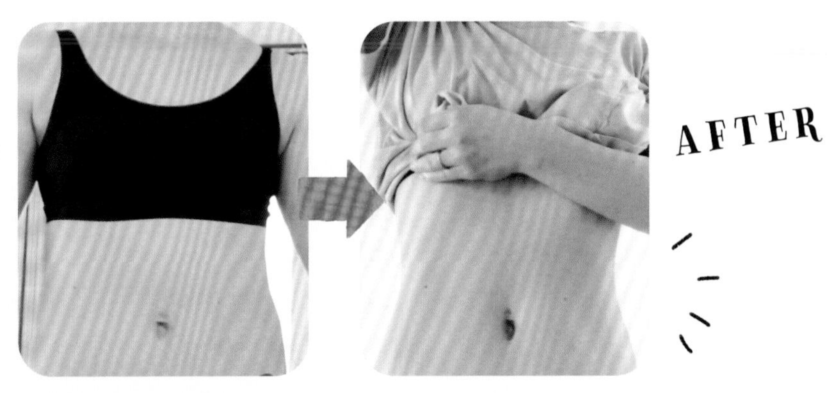

我也有過病態地激烈控制飲食的日子……

完成這份食譜到瘦身成功為止的HISTORY

幹勁滿滿期

為了挽救產後變胖的身材於是開始限醣！

一定要瘦回以前的身材！產後的我幹勁十足地開始減肥。早餐只吃「小黃瓜、雞胸肉、豆腐」等，幾乎只有蛋白質和蔬菜。體重很順利地下降，兩個月就減去8kg！但是，我卻產生了連紅蘿蔔的醣類也要斤斤計較的心態。

陷入暴食的病態期

無法克制狂吃甜麵包短短2個月就復胖！

由於我本來就很愛吃點心，結果過度忍耐反而使得食慾大爆發！居然2個月就復胖12kg（淚）。我甚至還做出晚上去超商搜刮甜麵包，偷偷躲在車上吃以免家人發現的行為。當時我還出現掉髮、皮膚粗糙的狀況，身體差到經常出入醫院。

瘦身學習期

「愈漂亮的人愈懂得正確飲食！」是我在IG上發現的現實

正當我苦惱地心想不能繼續這樣下去時，我在IG上發現，愈是身材好的美女就愈注重飲食。這件事促使我從頭學習營養、飲食，結果發現「選擇何種食物來吃」才是最重要的，於是下定決心改變自己的減肥方式。

靠零食點心瘦身成功期

陸續想出減醣＆低脂的點心食譜，再次-8kg

我從過去復胖的經驗中，體悟到唯有持續下去才有意義的道理，於是有了製作吃了也不會發胖的低醣點心的想法。由於我從小就喜歡做甜點，所以就對材料下了點工夫，反覆試作到滿意為止。最後終於做出對身心皆有益的點心，也真的毫無壓力地瘦身成功♡

各位！千萬不可以太勉強喔～。
就讓我們用滿足身心的點心，
開開心心地瘦下來吧！

BEFORE

CHANGE!

早上吃飽足感十足的燕麥料理，零食則吃低熱量＆低醣的豆渣料理。像這樣毫無壓力地開始減肥之後，居然才3個月就成功減去8kg♡

CONTENTS

PART 3 減醣＆低脂，毫無罪惡感！
夢幻的鹹食類垃圾食物

PART 4 從果凍到冰淇淋 所有甜點都是低熱量
冰品類甜點

用燕麥片♪ 豆渣♪ 製作
減醣＆低脂麵包

用豆渣麵包的麵團製作♪
ayano's麵包recipe

用豆渣麵包的麵團製作♪
follower's麵包recipe

如果想要更瘦
可以試試看的正餐食譜

AYANO'S RECIPE

變瘦的理由

1

而且高蛋白質!

減醣＆低脂

—以巧克力豆馬芬為例—

將彩乃小姐製作的巧克力豆馬芬和市售品進行比較，結果發現，彩乃小姐做的熱量少了超過一半，醣類更是只有市售品的五分之一。不僅如此，甚至還能攝取到較多的蛋白質，這一點更是令人訝異。雖然數值會隨不同的料理而異，不過有使用燕麥片、豆渣粉、豆腐的食譜，比較結果都傾向於這個圖表。

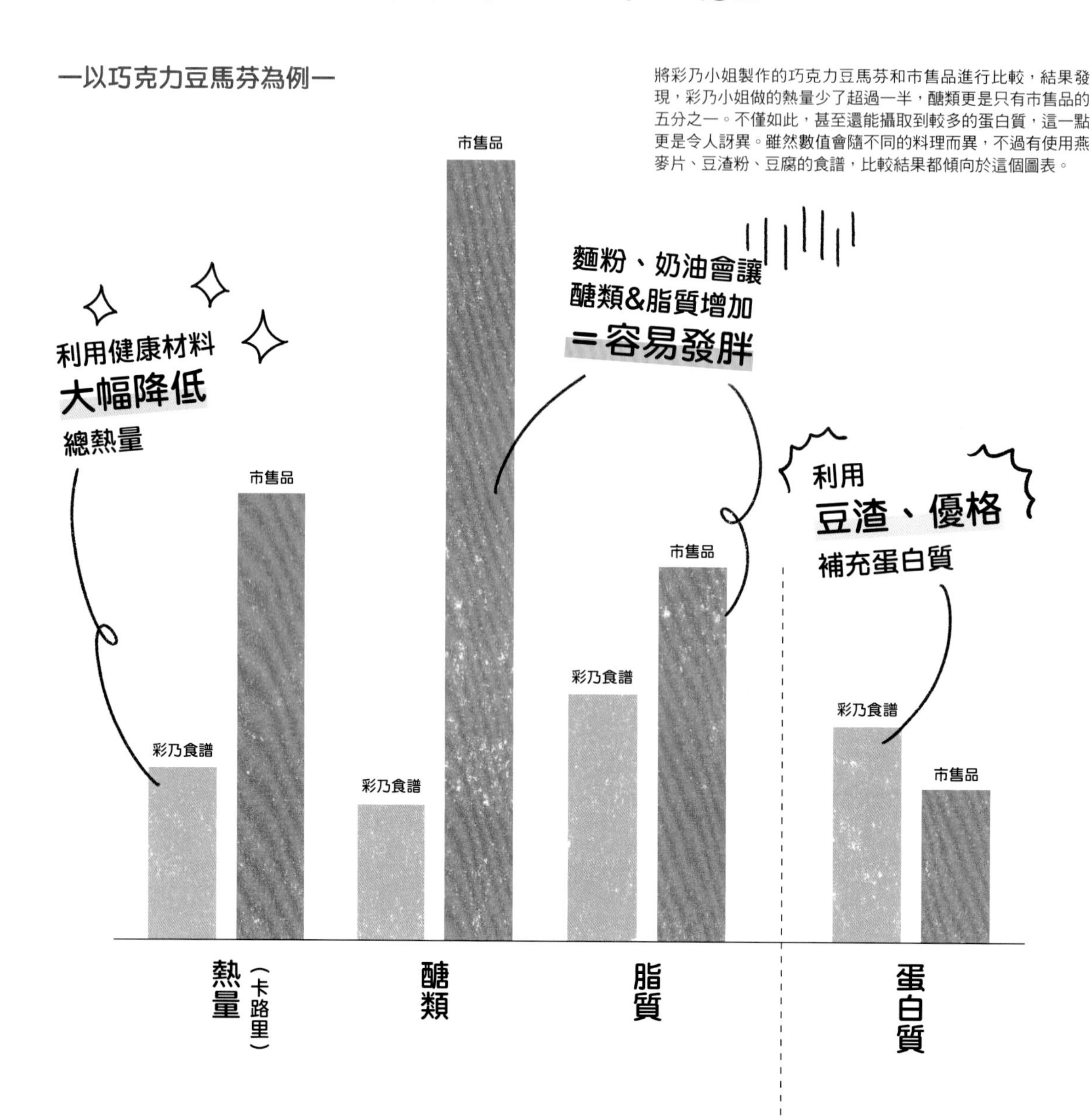

AYANO'S RECIPE

變瘦的理由

2

80%只需要一個調理盆就能製作

彩乃小姐愛用的 三種神器

需要清洗的
器具很少喔～

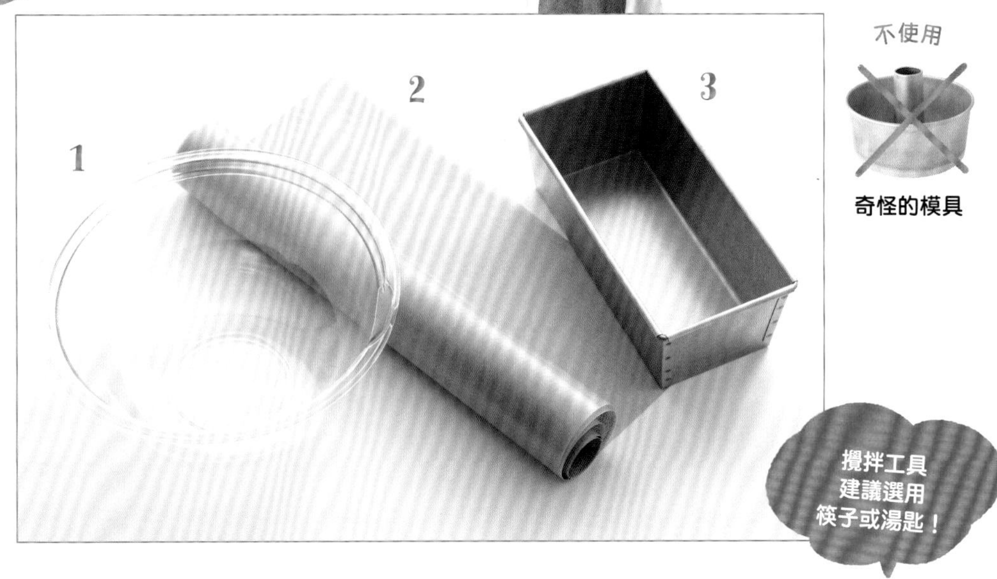

不使用

粉篩

1 攪拌後可直接微波
耐熱調理盆

2 這個超級方便
可重複使用的烘焙紙

3 幾乎都只使用這個模具！
17×8×高6cm的磅蛋糕模

● 烘焙器具幾乎都是在「cotta」網站上購得。
● **1** 選用攪拌後可直接微波的耐熱調理盆，可減少清洗的次數。
2 烘焙紙只要配合模具大小裁剪好，清洗後即可重複使用，相當省時又環保喔～。
3 至於模具這方面，幾乎只需要一個磅蛋糕模和耐熱容器就夠了♡

AYANO'S RECIPE

變瘦的理由 3

僅使用 美容效果佳的材料！

粉類

燕麥片

- 燕麥的加工品
- 富含蛋白質、維生素B_1、B_2，營養價值高
- 含醣量適中，容易有飽足感（也很適合當作早餐）
- 膳食纖維豐富且GI值低，能夠抑制血糖上升
- 無論是製作什錦燒等正餐類，還是烘焙甜點等點心類都適合
- 富含鈣、磷、鐵、鋅等礦物質

乳清蛋白粉

- 能夠補充蛋白質的輔助食品
- 有各種口味，還有可以做成像奶昔一樣享用的種類（可選擇自己喜歡的口味）
- 除了乳清蛋白，還有大豆蛋白、酪蛋白等

洋車前子粉（車前草）

- 由車前草這種植物的種子磨成的粉末
- 含有大量膳食纖維，可望發揮改善便祕的功效（小心攝取過量！有可能反而造成便祕）
- 保水性佳，吸水後會變成果凍狀
- 可用來製造Q彈口感、增加濃稠度，以及當成麵團的黏著劑使用。對於不使用大量奶油和油，也不會經過發酵的健康甜點來說，是不可或缺的食材！

豆渣粉（超細粉粒）

- 由豆腐濾去漿汁後剩下的豆渣磨成的粉末
- 只要選擇超細粉粒，就能呈現出和麵粉一樣的口感
- 低熱量且低醣，當成零食吃也OK
- 高蛋白質的特性最適合減肥者
- 富含膳食纖維，容易產生飽足感

可可粉

- 做出巧克力風味的必需品
- 含有具抗氧化效果的多酚類物質
- 請選擇純可可（可可粉），而非牛奶可可粉

甜味劑

羅漢果糖

- 天然萃取的甜味劑，可安心食用
- 因為實際上並不含醣，所以不會影響血糖值

或是

甜菜糖

- 含有寡醣，可維持腸道健康
- 因為低GI，所以不易發胖（白砂糖的GI值為109，甜菜糖是65）

什麼是低GI?! GI值是用來顯示進食時，血糖值上升速度的數值。數字愈小，血糖值上升愈緩慢，也愈不易轉化成脂肪。白砂糖是高GI值食品，請務必小心！

乳製品、豆腐類

原味優格（無糖）

- 用來取代奶油，可調整腸內環境
- 想要減少脂質攝取量的人，建議選擇零脂肪的種類！

豆腐

- 在點心中加入植物性蛋白質！
- 可做成烘焙甜點和冰淇淋

希臘優格（無糖）

- 高蛋白質＆不需要去除水分，非常方便

原味豆漿

- 富含鐵質等對女性有益的成分
- 原味的含醣量低

—以巧克力豆馬芬為例—

能夠攝取到的營養
有如此大的差異！

也能補充
容易缺少的鐵、鈣！

鉀：調整體內水分→預防水腫！

鈣

鐵：不易從平日飲食中攝取。有月經的女性特別容易缺乏

維生素A：可保持肌膚潤澤，打造美肌必備♡還有抗氧化作用

維生素E：預防老化。體寒的人應積極攝取

維生素B群：有助於代謝醣類&脂質，是減肥必需品

葉酸：造血維生素。可預防貧血！

膳食纖維：整頓腸內環境，促進排便順暢。因為會在肚子裡膨脹，所以容易有飽足感

彩乃食譜

市售品

※本圖表是顯示在一餐的所需量中，可以補充到多少分量

AYANO'S RECIPE

變瘦的理由

4

\幾乎都可以/

製作完成後冷凍保存

可以趁週末時
一次做好喔

做好後可以
分成小份享用

可冷凍

幾乎全部！

烘焙甜點、磅蛋糕、蒸麵包、菰餅、蛋糕類、披薩、銅鑼燒、塔、司康、燕麥球、穀片、肉包、什錦燒、煎餅、起司烤餅、冰淇淋、麵包類

● 建議要吃的前一天移到冷藏室自然解凍（冬天可在室溫下解凍）

● 想要馬上吃的話，也可以用保鮮膜包起來微波

無法冷凍

果凍和布丁類

豆花、布丁和果凍類、提拉米蘇、4種奶油霜

必須注意

醬油糰子

揉好後冷凍保存。要吃之前解凍→煎好後淋上醬料

＊餅乾和點心棒要室溫保存

本書的使用方法

＊ 材料請依照食譜正確測量（會影響美味程度）。

＊ 豆渣粉的吸水量會隨粉粒大小而異。食譜中水、豆漿的分量，是使用超細粉粒時的分量。粉粒大則吸水量會增加，有時會讓麵團變得乾燥，這時請增加水分量，適度地進行調整。

＊ 油可選用喜歡的種類，如橄欖油、米油、椰子油等。

＊ 以微波爐、烤箱、電烤箱加熱的時間，會隨廠牌和機種有所不同，請自行視情況增減時間。

＊ 書中標示的含醣量、脂質量、熱量皆為參考值。是根據日本文部科學省「日本食品標準成分表2015年版（七訂）」和廠商資料計算出來。

＊ 自行依喜好加入的材料的含醣量、脂質量、熱量，並未包含在表格內。

＊ 原味優格（無糖）是視為零脂肪來計算營養成分。

＊ 羅漢果糖亦可以甜菜糖取代。

＊ 羅漢果糖雖然含有碳水化合物，但由於醣類幾乎都會隨尿液排出，不會被人體吸收，而且熱量為零，也不會影響血糖值，因此視為醣類為零來計算。

\如果對作法有疑問……/

可以到IG上觀看製程照片喔（@ayn163_diet）

PART 1

7大人氣點心之神

眾人親身實作！

好吃！成功瘦身！

從每天令追蹤粉絲們為之瘋狂的食譜之中，
精選出眾人實作後大為讚賞的7道。
作法簡單，而且美味到不像是減醣&低脂的食物！
吃了這些就能瘦身，真是太令人開心了～♪

因為用豆渣粉和豆腐
取代了麵粉和奶油，所以能
確實補充蛋白質，
而且減醣&低脂又低熱量。

豆渣和豆腐做的　吃起來毫無罪惡感的超營養甜點

濃郁巧克力布朗尼

材料（17×8×高6cm的磅蛋糕模1個份）

豆腐（嫩豆腐）…100g（MEMO＊1）
蛋…1顆
豆漿（或牛奶）…80g

A
- 豆渣粉…30g
- 可可粉…20g
- 羅漢果糖…50g
- 泡打粉…3g

蘭姆露（如果有的話）…數滴
綜合堅果（依個人喜好）
…適量（大約一把）

●準備

烤箱預熱至180℃。
在磅蛋糕模中鋪烘焙紙。

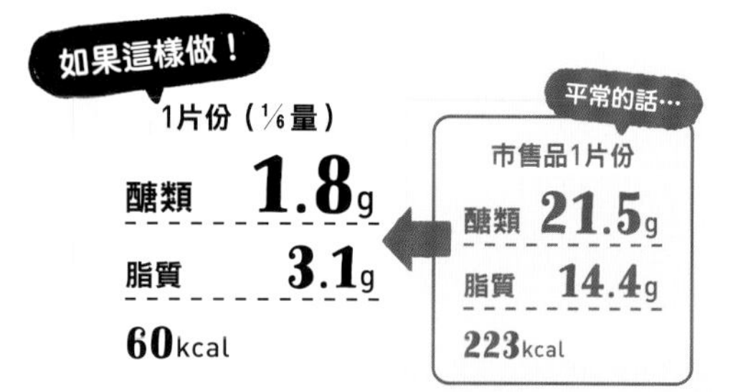

作法

1. 將豆腐放入調理盆，用湯匙壓成滑順狀（MEMO＊2）。
2. 加入蛋、豆漿拌勻，然後加入**A**充分混合到沒有結塊。有的話就加入蘭姆露攪拌。
3. 將**2**倒入磅蛋糕模（MEMO＊3），依個人喜好撒上綜合堅果（MEMO＊4），以180℃的烤箱烤30分鐘。連同模具大致放涼便完成（MEMO＊5）！切成方便食用的大小。在冷藏室靜置一晚會更好吃喔♪

POINT

也可以用電烤箱和平底鍋烤！

用電烤箱烤時，和烤箱一樣是烤30分鐘左右。由於蛋糕容易焦，請視情況蓋上鋁箔紙。用平底鍋烤時，要先抹上薄薄一層油，倒入麵糊後依個人喜好撒上堅果，蓋上鍋蓋，以小火加熱20分鐘（為避免水滴從鍋蓋上滴落，要事先用布巾或廚房紙巾包起來）。將平底鍋翻過來倒在盤子上，覆上保鮮膜，用微波爐（600W）加熱1分30秒就完成了！用煎蛋器做也可以。

沒有蛋也能做♪

如果不使用蛋，就將豆漿的分量增加到100g。因為剛烤好的蛋糕容易散掉，請完全冷卻後再分切。會變成濃郁紮實的生巧克力風蛋糕。

MEMO
（＊1）豆腐不需要去除水分。　（＊2）使用電動攪拌器或食物調理機可以迅速打成滑順狀。
（＊3）也可以用馬芬模烤。　（＊4）也可以將堅果拌入麵糊中。
（＊5）大致冷卻後，覆上保鮮膜送入冷藏室靜置一晚，味道會更融合、更美味！

完全吃不出
有加入豆渣和豆腐的
超人氣食譜♡

香氣十足而且超級鬆軟

燕麥片做的 鬆餅

椰子油容易被身體當成能量使用，而且富含不易形成體脂肪的中鏈脂肪酸，所以很推薦給正在減肥中的人！香氣十足，和燕麥片堪稱絕配。

材料（直徑10cm 4片份）

A
- 燕麥片…25g
- 豆渣粉…15g
- 羅漢果糖…15～20g（MEMO＊1）
- 泡打粉…5g
- 鹽…1撮

B
- 蛋…1顆
- 原味優格（無糖）…50g
- 水…30g（MEMO＊2）
- 香草精…數滴

椰子油（或其他種類的油）…適量
水果…適量（MEMO＊3）
希臘優格（原味、無糖）…適量
糖粉…適量

作法

1. 在調理盆中放入**A**，攪拌均勻。
2. 加入**B**混勻，靜置約10分鐘（MEMO＊4）。
3. 以小火加熱平底鍋，抹上薄薄一層椰子油，倒入¼的**2**，延展成直徑10cm左右的圓。蓋上鍋蓋，以小火煎約5分鐘。
4. 等到邊緣變乾且下面呈金黃色，就輕輕地上下翻面（MEMO＊5），繼續煎2～3分鐘。剩下的作法亦同。盛入容器，淋上優格，擺上切成小塊的水果，最後撒上糖粉。

POINT

如果不會翻面……

如果平底鍋很舊了或是不會翻面，這時只要鋪上烘焙紙將麵糊倒上去，再連同烘焙紙一起翻面就不會失敗了。煎成一大片時也只要使用烘焙紙來煎，就能成功翻面！

如果燕麥片的顆粒很大……

只要用食物調理機或磨粉機將燕麥片打成粉末，就能煎出鬆軟的成品。

也可以加入堅果、葡萄乾、巧克力豆！

在麵糊中加入核桃等堅果類或葡萄乾、巧克力豆，用烘焙紙煎成一大片，能夠享受到不一樣的豐富口感和香氣。也很推薦分切開來，當成孩子的小零嘴喔！

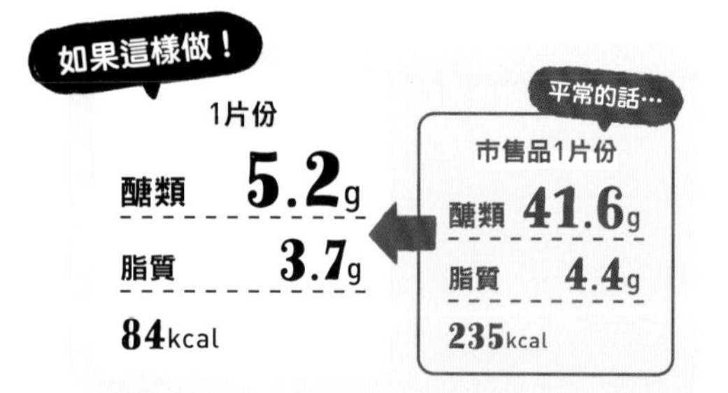

MEMO
（＊1）不喜歡太甜就加15g，喜歡甜一點就加20g。（＊2）改用豆漿、牛奶、杏仁奶也OK。
（＊3）依個人喜好選用蘋果、葡萄、芒果、藍莓、奇異果等。（＊4）麵糊的質地會變稠，比較方便操作。
（＊5）鬆餅柔軟易散，翻面時務必謹慎！

用椰子油煎風味更佳，真的超好吃～☆

剛做好的麵包好蓬鬆♡ 冷卻後則是鬆軟又有彈性

燕麥片做的

Q彈微波蒸麵包

材料（直徑約13cm的大茶碗1個份）

〈原味〉

A
- 燕麥片…20g
- 豆渣粉…10g
- 羅漢果糖…20g
- 泡打粉…4g
- 鹽…1撮

B
- 蛋…1顆
- 原味優格（無糖）…50g
- 水…20g

作法

1. 在耐熱茶碗中放入**A**混勻（MEMO＊1）。加入**B**，攪拌均勻。
2. 寬鬆地覆上保鮮膜，接著用微波爐（600W）加熱3分鐘。
3. 立刻從茶碗中取出，放在廚房紙巾上放涼。

POINT

使用食物調理機的話會更鬆軟

直接使用燕麥片，吃起來會有明顯的顆粒感。只要用食物調理機打成粉末，口感就會更加鬆軟！請依個人喜好選擇。

沒有其他添加物的
原味也好好吃！
因為很有嚼勁，
不用吃很多也覺得滿足。
在剛做好的麵包上塗抹奶油，
或是淋上楓糖漿享用更幸福♡

如果這樣做！

原味1個份	
醣類	17.0g
脂質	8.0g
222kcal	

平常的話…

市售品1個份	
醣類	55.8g
脂質	18.4g
414kcal	

MEMO （＊1）如果要做成巧克力口味，就在**A**中加入5g可可粉。做成芝麻口味時，請加入20g黑芝麻醬。若再加入2g洋車前子粉（車前草），會讓黑芝麻蒸麵包更加Q彈！

微波3分鐘！不僅有嚼勁，飽足感更是十足

因為飽足感佳，
當成早餐也GOOD

燕麥片做的 沒有油卻濕潤又Q彈，大受好評！

香蕉磅蛋糕

如果這樣做！

1片份（1/6量）

醣類 7.0g

脂質 2.1g

71kcal

材料 （17×8×高6cm的磅蛋糕模1個份）

A
- 燕麥片…30g
- 豆渣粉…25g
- 羅漢果糖…20～30g
- 泡打粉…7g
- 鹽…1撮

B
- 蛋…1顆
- 水…90g（MEMO＊1）
- 香蕉…1根（MEMO＊2）

綜合堅果（依個人喜好）…30g

葡萄乾（依個人喜好）…20g

●準備

烤箱預熱至180℃。

在磅蛋糕模中鋪烘焙紙。

進烤箱之前

烤箱

作法

1. 在調理盆中放入**A**混勻。加入**B**，一邊搗爛香蕉一邊攪拌均勻。可依個人喜好混入綜合堅果和葡萄乾。
2. 將**1**倒入磅蛋糕模，抹平表面，以180℃的烤箱烤30分鐘。
3. 連同模具大致放涼（MEMO＊3），之後脫模切成方便食用的大小（MEMO＊4）。

MEMO

（＊1）改用豆漿、牛奶、杏仁奶也OK。也可以依個人喜好加入蘭姆露增添風味。
（＊2）如果香蕉比較小，就改成1又1/2根。因為要搗爛使用，所以如果不夠熟，就用微波爐加熱軟化。
（＊3）在冷藏室靜置一晚，味道會更加融合美味。
（＊4）也可以用馬芬杯烤成許多小蛋糕！

燕麥片做的 酸酸甜甜的滋味好清爽！

檸檬磅蛋糕

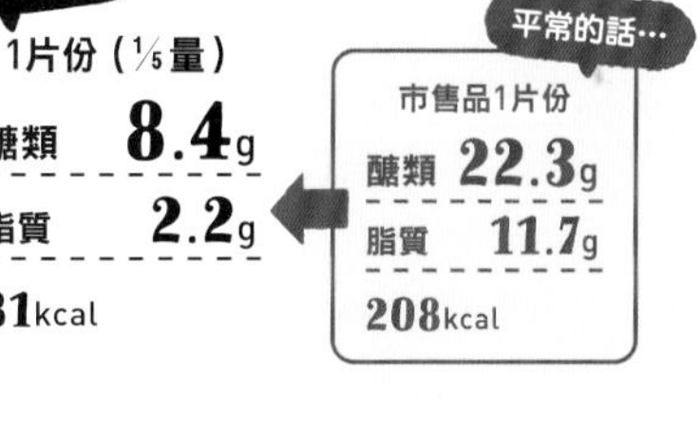

材料 （17×8×高6cm的磅蛋糕模1個份）

A
- 燕麥片…30g
- 豆渣粉…25g
- 羅漢果糖…40g
- 泡打粉…7g
- 鹽…1撮

B
- 蛋…1顆
- 原味優格（無糖）…80g
- 水…30g
- 檸檬汁…25g

檸檬（有的話，裝飾用）…1/2顆

C
- 檸檬汁…10g
- 蜂蜜…10g（MEMO＊1）

●準備

烤箱預熱至180℃。

在磅蛋糕模中鋪烘焙紙。

進烤箱之前

烤箱

作法

1. 在調理盆中放入**A**混勻。加入**B**，攪拌均勻。
2. 將**1**倒入磅蛋糕模，有的話就把檸檬切成圓片放上去，輕輕按壓（MEMO＊2）。以180℃的烤箱烤30分鐘。
3. 烤好後先不要脫模，混合**C**淋在整個蛋糕上，待大致冷卻放入冷藏室靜置一晚。脫模，切成方便食用的大小。

MEMO

（＊1）也可以用甜菜糖等砂糖取代蜂蜜。若是使用羅漢果糖，會留下沙沙的口感。
（＊2）這是為了避免蛋糕膨脹時檸檬掉落。

燕麥片和豆腐做的

三色萩餅

不使用米飯！吃起來卻有顆粒感，而且好柔軟

材料（3個份）

A｜豆腐（嫩豆腐）…100g
　｜燕麥片…30g
　｜羅漢果糖…5g
　｜鹽…1撮

紅豆粒餡、黃豆粉、抹茶粉、黑芝麻粉…各適量

作法

1. 在耐熱調理盆中放入**A**，一邊用湯匙背面將豆腐壓成滑順狀，一邊充分攪拌到整體變得濕潤。
2. 不要覆上保鮮膜，用微波爐（600W）加熱2分30秒。用湯匙搓揉攪拌，大致分成3等分。
3. 將⅓量的**2**放在保鮮膜上，用手延展成薄薄的圓形（MEMO＊1）。在正中央放上紅豆餡，連同保鮮膜一起包起來，捏塑成球狀（MEMO＊2）。其餘的包法相同，並且分別裹上黃豆粉、芝麻粉、抹茶粉（MEMO＊3）。

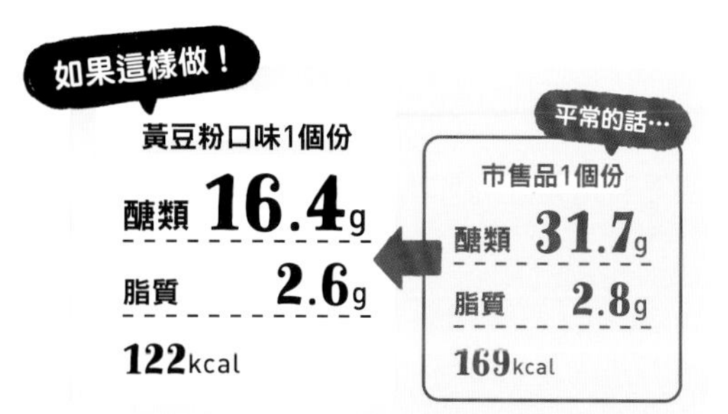

MEMO
（＊1）手上沾水就不易沾黏，而且容易延展開來。
（＊2）像是用保鮮膜捏飯糰的感覺！
（＊3）也有追蹤粉絲嘗試了不同的作法，用奶油乳酪、南瓜奶油霜、栗子奶油霜來取代紅豆餡♪

材料和作法都很簡單！
滿足對和菓子的渴望

剛烤好時濃稠軟嫩♡ 冷藏過後好綿密

柔滑的巴斯克乳酪蛋糕

材料 （直徑15cm圓模1個份）

奶油乳酪…100g
希臘優格（原味、無糖）…100g（MEMO＊1）
蛋…2顆
豆漿…150g
羅漢果糖…40～50g（MEMO＊2）
味噌…15g

●準備

奶油乳酪要在室溫下軟化。
烤箱預熱至210℃。
在圓模中鋪烘焙紙（MEMO＊3）。

作法

1 將所有材料放入調理盆中，用手持打蛋器攪拌均勻（MEMO＊4）。用茶篩或浮沫濾杓過濾數次（MEMO＊5）。

2 倒入模具中，以210℃的烤箱烤30分鐘。

沒有使用鮮奶油
但美味依舊不減，而且將熱量
和脂質控制在最低限度！
加入味噌，能夠讓蛋糕低醣
卻保有濃醇風味♪

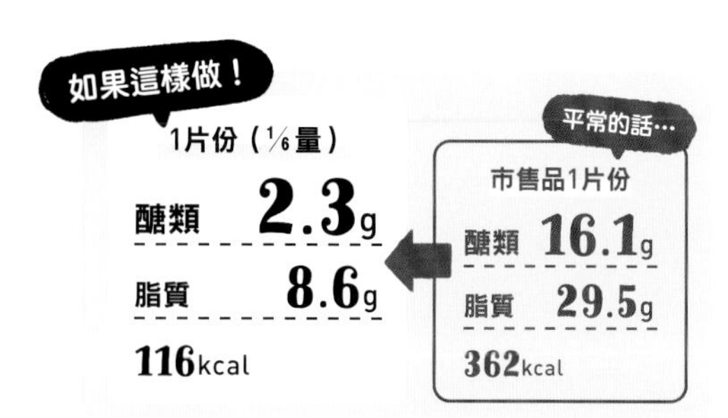

MEMO
（＊1）推薦使用濃郁的「PARTHENO」（森永乳業）！ （＊2）亦可使用甜菜糖等砂糖。
（＊3）鋪得皺巴巴就可以了！ （＊4）使用電動攪拌器或食物調理機可以迅速打成滑順狀。
（＊5）省略這個步驟也可以，但是有過濾比較美味！

只要加入味噌，
就能呈現出起司般濃醇的美味！

燕麥片做的　無油＆平底鍋也能烤

薄脆披薩

瑪格麗特

入鍋之前 15分鐘　微波＋平底鍋

材料 （直徑20～22cm 1片份）

A
- 燕麥片…50g
- 豆渣粉…10g
- 羅漢果糖…10g
- 鹽…1撮

B
- 蛋…1顆
- 水…20g

〈醬汁〉

C
- 切塊番茄罐頭…1罐
- 高湯塊…1個
- 羅漢果糖…1大匙
- 蒜泥…1小匙
- 鹽…1撮

〈配料〉

莫札瑞拉起司…60g

羅勒葉…6片

1. 在耐熱調理盆中放入**C**，不覆上保鮮膜，用微波爐（600W）加熱6分鐘。將整體攪拌一下，繼續加熱6分鐘。
2. 在別的調理盆中放入**A**攪拌。加入**B**混勻，聚整成一團。
3. 將**2**放在烘焙紙上，擀成薄薄的圓形（MEMO＊1）。整體塗上**1**，將莫札瑞拉起司切成適當大小放上去。
4. 將**3**連同烘焙紙放入平底鍋（直徑26cm），蓋上鍋蓋，以中小火烤約15分鐘（MEMO＊2）。切成方便食用的大小盛入容器，撒上羅勒葉（MEMO＊3）。

如果這樣做！

⅙片份	
醣類	7.2g
脂質	3.9g
92kcal	

平常的話…

市售品⅙片份	
醣類	12.2g
脂質	6.4g
138kcal	

MEMO

（＊1）手上只要沾水或油，麵團就不易黏手且容易擀開。

（＊2）烤到餅皮邊緣變得脆脆的就完成了！

（＊3）只要連同烘焙紙一起盛入容器，洗起來就很輕鬆♪

餅皮酥脆的口感
令人欲罷不能～

沒有油和醬汁也一樣美味！

鯷魚蕈菇披薩

材料 （直徑20～22cm 1片份）

薄脆披薩的餅皮（參考p.26）…全量
鯷魚…5～6片
鴻喜菇…1包（MEMO＊1）
青蔥…1支
披薩用起司…60g

作法

在披薩餅皮上擺放撕碎的鯷魚，再放上切成蔥花的青蔥、剝散的鴻喜菇、起司。烤的方式和p.26一樣。

1/6片份
醣類 6.4g
脂質 4.5g
98kcal

燕麥片做的
薄脆披薩
配料變化

也很推薦以下變化版本♪
- 照燒雞肉＋洋蔥或蔥＋蕈菇＋起司
- 肉醬＋起司
- 吻仔魚＋蔥＋起司
- 泡菜＋納豆＋起司
- 蜂蜜＋起司

活用真空包裝食品或剩菜做出迷人風味

絞肉咖哩披薩

材料 （直徑20～22cm 1片份）

薄脆披薩的餅皮（參考p.26）…全量
絞肉咖哩…1餐份（MEMO＊2）
披薩用起司…60g

作法

在披薩餅皮上擺放絞肉咖哩、起司，烤的方式和p.26一樣。

MEMO

（＊1）亦可用舞菇取代鴻喜菇！
（＊2）利用市售的真空包裝食品或自家製的剩菜。

1/6片份
醣類 8.6g
脂質 8.1g
137kcal

PART 2

每天吃也OK♡的經典點心

用豆渣粉、燕麥片、蛋白粉製作

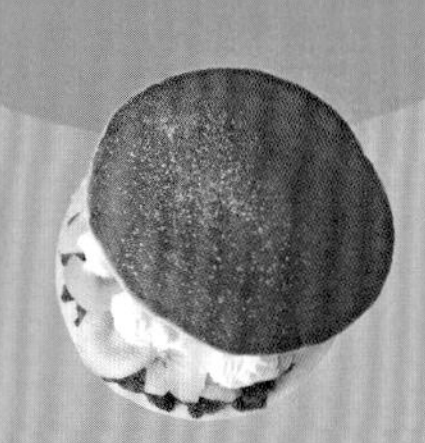

因為是以豆渣粉、燕麥片、蛋白粉為主材料，
所以經典的點心也能化身成為低醣&低脂的美食，
甚至還能補充大量打造漂亮身材的蛋白質！
連以前忍著不敢吃的甜甜圈、塔類、和菓子，
只要照著書中方法做，就能安心地大口享用♡

用豆渣製作！
口味溫和的鬆軟點心

用豆渣粉取代麵粉
達到減醣效果！
再加上用烤箱烘烤
而非油炸，所以熱量超低♪

豆渣做的　只要加上可愛裝飾，連孩子們也讚不絕口

禁忌巧克力甜甜圈

材料　（直徑7.5cm×6個甜甜圈模）

A
- 豆渣粉⋯50g
- 羅漢果糖⋯40g
- 泡打粉⋯8g
- 可可粉或抹茶粉（依個人喜好）⋯8g

B
- 蛋⋯2顆
- 原味優格（無糖）⋯80g
- 水⋯30g
- 香草精⋯數滴

巧克力（使用寡醣）⋯適量
杏仁角等堅果（依個人喜好）⋯適量

●準備

烤箱預熱至180℃。

作法

1. 在調理盆中放入**A**混勻。加入**B**，攪拌均勻。
2. 將**1**倒入矽膠甜甜圈模，以180℃的烤箱烤20分鐘。完全冷卻後，依個人喜好以融化的巧克力、堅果等裝飾。

為避免結塊，首先要將粉類放入調理盆，用筷子攪拌均勻之後再加入蛋、優格。

使用百圓商店的矽膠模！

我使用的是在某百圓商店，以200日圓購得的模具。因為是矽膠材質，脫模時非常輕鬆簡單♪。將麵糊倒入模具中時，使用湯匙或填入擠花袋中擠出來，這樣做出來的形狀比較漂亮。

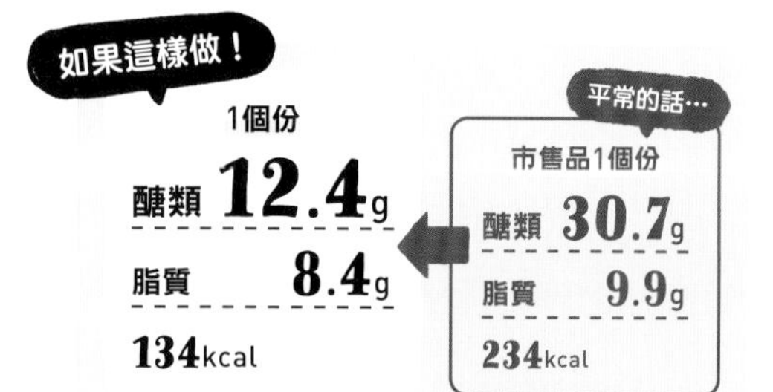

超乎想像的甜甜圈！
未經油炸，所以低醣&低熱量！

豆渣做的　甜滋滋的和菓子居然低醣，真是難以置信

水果銅鑼燒

材料（2個份）

A
- 豆渣粉…15g
- 羅漢果糖…7g
- 泡打粉…3g
- 洋車前子粉（車前草）…1g

B
- 蛋…1顆
- 水…40g
- 蜂蜜…5g

喜歡的油…適量
水果…適量（MEMO＊1）
紅豆粒餡、鮮奶油…各適量
糖粉（如果有的話）…適量

作法

1. 在調理盆中放入**A**混勻。加入**B**，充分攪拌到沒有結塊，靜置10分鐘。
2. 加熱平底鍋，抹上薄薄一層油，倒入各¼量的**1**，用湯匙背面延展成直徑6～7cm的圓形。蓋上鍋蓋，以小火煎約10分鐘。
3. 等到餅皮的邊緣變乾就上下翻面（MEMO＊2），繼續煎1～2分鐘後取出。
4. 大致冷卻後2片1組，夾入紅豆粒餡、切成小塊的水果、打發鮮奶油。如果有的話就撒上糖粉。

做出來的餅皮稍微偏甜，
如果想要更不甜，
就將羅漢果糖改成5g。
相反的，若想要更甜一點，
就把羅漢果糖增加成10g吧！

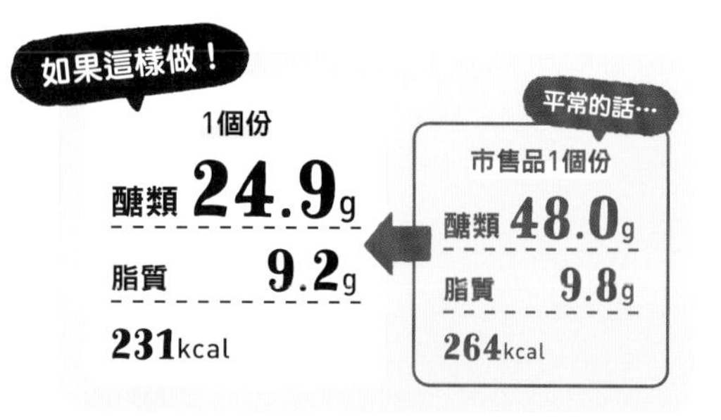

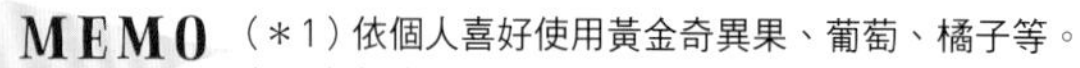
MEMO（＊1）依個人喜好使用黃金奇異果、葡萄、橘子等。
（＊2）餅皮很軟，翻面時務必謹慎！

清爽餅皮搭配
酸甜水果和紅豆餡，
這樣的組合美味無敵

豆渣做的 微苦蛋糕體和豆腐奶油霜的絕妙搭配

香蕉巧克力戚風蛋糕卷

材料 （直徑22cm 1片份）

A
- 豆渣粉…20g
- 可可粉…10g
- 羅漢果糖…30g
- 泡打粉…5g
- 洋車前子粉（車前草）…1g（MEMO＊1）

B
- 蛋…2顆
- 水…70g

喜歡的油…適量
豆腐奶油霜（參考p.56）…適量
香蕉…1根

MEMO

（＊1）如果沒有洋車前子粉，就使用3g椰子油之類的油。
（＊2）只要事先沿著弧度切掉末端，就能捲得非常漂亮。

作法

1 在調理盆中放入**A**混勻，加入**B**仔細攪拌。
2 在平底鍋中抹薄薄一層油，倒入**1**，蓋上鍋蓋，以小火煎10～15分鐘。

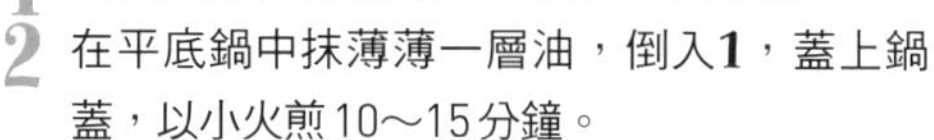

3 等到表面乾了就關火，用鍋鏟輕輕地取出放在盤子上，緊密地覆上保鮮膜以防乾燥，靜置冷卻。
4 將**3**的上下左右各切掉約2cm，然後將末端那一邊（上側）的兩角斜切（MEMO＊2）。
5 將**4**放在保鮮膜上，抹上奶油霜只留下最後3cm不塗，接著在靠近自己的位置擺上香蕉，一邊拉保鮮膜一邊捲。用保鮮膜緊密包覆，放入冷藏室靜置20～30分鐘，切成方便食用的大小。

POINT

捲的時候要一邊將靠近自己的保鮮膜往上提，一邊輕壓香蕉。

豆渣做的 輕盈鬆軟♡ 也深受男士們喜愛

夏威夷鬆餅

材料（直徑5～6cm 6～7片份）

A
- 豆渣粉…25g
- 羅漢果糖…15g
- 泡打粉…6g
- 洋車前子粉（車前草）…1g（沒有也OK）

B
- 蛋…2顆
- 原味優格（無糖）…60g
- 水…20g

椰子油…適量（MEMO＊1）
豆腐奶油霜（參考p.56）…適量
水果…適量（MEMO＊2）
杏仁角…適量
糖粉（如果有的話）…適量

作法

1. 在調理盆中放入**A**攪拌，加入**B**仔細混勻。
2. 在平底鍋中抹上薄薄一層椰子油，倒入約1/6量的**1**，延展成直徑5～6cm大。蓋上鍋蓋，以小火煎4～5分鐘。上下翻面，繼續煎2～3分鐘。
3. 盛入容器，添上奶油霜、切成適中大小的水果，將杏仁角撒在奶油霜上。如果有的話就撒上糖粉。

因為沒有使用麵粉，奶油霜也是自製的豆腐奶油霜，所以低醣&低脂，可以安心享用。我先生也完全吃不出來這是用豆渣做成的鬆餅，直呼「口感輕盈，真好吃！」呢！

MEMO （＊1）煎的時候可以使用自己喜歡的油，不過個人比較推薦健康的椰子油。如果是有氟素樹脂塗層的平底鍋，就算不抹油也OK。
（＊2）依個人喜好使用藍莓、芒果、冷凍綜合莓果等。

豆渣做的 原味和可可口味營造出層次感

大理石磅蛋糕

進烤箱之前 10分鐘 烤箱

材料 （17×8×高6cm的磅蛋糕模1個份）

A
豆渣粉…40g（MEMO＊1）
羅漢果糖…50g（MEMO＊2）
鹽…1撮
泡打粉…7g

B
蛋…2顆
原味優格（無糖）…90g
水…20g
蘭姆露…數滴

可可粉…5g
杏仁角（依個人喜好）…15g（MEMO＊3）

●準備
烤箱預熱至180℃。
在磅蛋糕模中鋪烘焙紙。

作法

1. 在調理盆中放入**A**混勻。加入**B**，攪拌均勻。
2. 將一半的**1**放入其他調理盆中，混入可可粉。接著倒回剩下的**1**中，大略攪拌成大理石花紋。
3. 將**2**倒入磅蛋糕模，撒上杏仁角，以180℃的烤箱烤40～45分鐘。過程中如果看到快燒焦就覆上鋁箔紙。連同模具一起大致放涼（MEMO＊4），之後取出，切成方便食用的大小。

MEMO

（＊1）如果想讓風味更佳，就改成豆渣粉30g，並加入25g的杏仁粉。
（＊2）如果不喜歡羅漢果糖，也可以將一半用量改成甜菜糖。
（＊3）杏仁角可以撒在表面作為可愛的裝飾，也能混入麵糊中增添可口滋味！ （＊4）大致冷卻後放入冷藏室靜置一晚，味道會更加融合美味。

豆渣做的 明明是微波加熱卻鬆軟得令人吃驚

咖啡戚風蛋糕

材料 （8×15×高5cm的耐熱容器1個份）

〈戚風蛋糕〉

A
- 豆渣粉…10g
- 羅漢果糖…20g
- 泡打粉…3g
- 即溶咖啡粉…2g

B
- 蛋…1顆
- 水…40g

豆漿奶油乳酪（參考p.56）
…適量

作法

1. 在耐熱容器中放入**A**混勻，加入**B**仔細攪拌（MEMO＊1）。
2. 寬鬆地覆上保鮮膜，或者留個縫蓋上容器的蓋子，用微波爐（600W）加熱2分30秒。
3. 上下顛倒容器，取出放在廚房紙巾上（MEMO＊2）大致放涼。切成一半的厚度，夾入奶油乳酪，再切成方便食用的大小。

各種口味變化♪

可以將**A**的即溶咖啡粉省去，改以其他材料做成不同的口味！

●檸檬戚風蛋糕
➡在**B**中加入10g檸檬汁，把水減少成30g。

●抹茶戚風蛋糕
➡在**A**中加入3g抹茶粉。

●紅茶戚風蛋糕
➡準備2個茶包，將其中1個的茶葉加入**A**中。另1個茶包泡少量熱水，讓茶湯和冷水共計40g，用來取代**B**的水。

MEMO （＊1）如果加入油2g或洋車前子粉（車前草）1撮，口感會更加濕潤。
（＊2）取出前要連同容器橫向晃動幾次，幫助蛋糕和容器分離，這樣就能完整地取出。

如果這樣做！

栗子奶油霜1個份

醣類 8.8g

脂質 7.2g

125kcal

平常的話…

市售品1片份

醣類 30.3g

脂質 8.5g

342kcal

和市售品無異的濃郁奶油霜令人著迷

巧克力戚風蛋糕的

微波蒙布朗

材料 （直徑5cm馬芬杯6個份）

A
- 豆渣粉…20g
- 羅漢果糖…40g
- 泡打粉…6g
- 可可粉…10g

B
- 蛋…2顆
- 水…80g

〈栗子奶油霜〉（方便製作的分量）
- 去殼甘栗…150g
- 豆漿…130g（MEMO＊1）
- 羅漢果糖…40g
- 鹽…1撮
- 蘭姆露（如果有的話）…數滴

〈南瓜奶油霜〉（方便製作的分量）
- 南瓜…¼顆
- 豆漿…20g（MEMO＊1）
- 羅漢果糖…20～30g
- 肉桂粉…適量
- 蘭姆露（如果有的話）…數滴

〈打發鮮奶油〉（方便製作的分量）
- 鮮奶油…50g
- 羅漢果糖…10g

〈配料〉
- 去殼甘栗…3顆
- 南瓜籽（烘烤）…適量
- 糖粉（如果有的話）…適量

作法

1 在調理盆中放入**A**混勻，加入**B**仔細攪拌（MEMO＊2）。

2 將**1**平均倒入馬芬杯。將3個排入耐熱器皿中，蓋上較大的耐熱容器或耐熱調理盆，用微波爐（600W）加熱2分30秒。剩下3個也以相同方式加熱（MEMO＊3），靜置冷卻。

3 製作栗子奶油霜。在耐熱調理盆中放入甘栗、水1大匙，寬鬆地覆上保鮮膜，用微波爐加熱2分30秒。加入剩下的材料，用電動攪拌器或食物調理機打成滑順狀。

4 製作南瓜奶油霜。南瓜去籽和棉狀物，以水稍微弄濕整體後用保鮮膜包起來，用微波爐加熱6～7分鐘。取下保鮮膜，用湯匙挖出南瓜肉，一邊量測重量一邊放入調理盆（MEMO＊4）。加入剩下的材料，用電動攪拌器或食物調理機打成滑順狀。

5 製作打發鮮奶油。在調理盆中放入鮮奶油、羅漢果糖，打發奶油直到末端堅挺為止。

6 分別將**3**、**4**、**5**填入擠花袋。將**5**的打發鮮奶油擠在**2**上，然後將**3**和**4**分別擠在各3個蛋糕上蓋住打發鮮奶油，最後擺上甘栗或南瓜籽。如果有的話就撒上糖粉。

MEMO （＊1）亦可改用牛奶或杏仁奶。 （＊2）如果加入油2g或洋車前子粉（車前草）1撮，口感會更加濕潤。 （＊3）由於全部一起加熱容易受熱不均，因此要分批加熱。 （＊4）加熱後淨重約200g。

巧克力戚風蛋糕的　滿滿水果的自製冰淇淋超健康

優格冰淇淋三明治

材料（17×13×高6cm的耐熱容器1個份）

A | 豆渣粉…10g
羅漢果糖…20g
泡打粉…3g
可可粉…5g

B | 蛋…1顆
水…40g

〈優格冰淇淋〉
希臘優格（原味、無糖）…100g
羅漢果糖…10g（MEMO＊1）
喜歡的冷凍水果…30～50g（MEMO＊2）
香蕉…1根

作法

1 在耐熱容器中放入**A**混勻，再加入**B**仔細攪拌（MEMO＊3）。
2 寬鬆地覆上保鮮膜，或者留個縫蓋上容器的蓋子，用微波爐（600W）加熱2分30秒。
3 上下顛倒容器，取出放在廚房紙巾上。放涼後切成一半的厚度。
4 在調理盆中放入所有冰淇淋的材料，一邊搗爛冷凍水果和香蕉、一邊混合攪拌。
5 在加熱過蛋糕體的耐熱容器中鋪保鮮膜，放入1片**3**後倒入**4**，再放上另1片。覆上保鮮膜以防乾燥，送入冷凍室冰3～4小時。待冰淇淋凝固即可分切。

MEMO（＊1）沒有也OK。　（＊2）依個人喜好使用冷凍綜合莓果、藍莓、草莓、芒果等。
（＊3）如果加入油2g或洋車前子粉（車前草）1撮，口感會更加濕潤。

用燕麥片製作！
滿足感◎又香氣逼人的點心

從麵包開始製作，
減醣熱量又低。
不用擔心，製作方法超簡單！
從燕麥片攝取適當的醣類，
蛋和豆漿又能補充蛋白質，
非常推薦在早餐或是
假日的早午餐時享用。

攪拌後微波，再用平底鍋煎成金黃色♪

鬆軟法式吐司

材料 （1人份）

A 燕麥片…20g
豆渣粉…8g
泡打粉…3g

B 蛋白…1顆份
原味優格（無糖）…80g

C 蛋黃…1顆
豆漿…50g（MEMO＊1）
羅漢果糖…20g
鹽…1撮
香草精…數滴

椰子油…適量
糖粉（如果有的話）…適量

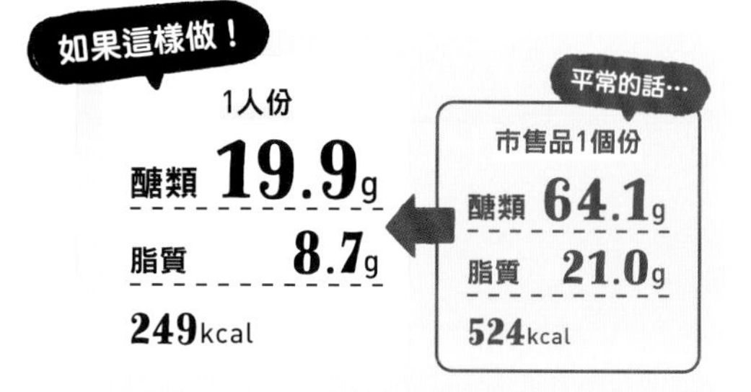

材料

1. 在耐熱容器中放入**A**混勻，加入**B**之後充分攪拌到沒有結塊。
2. 將**1**留個縫蓋上蓋子，或者寬鬆地覆上保鮮膜，用微波爐（600W）加熱2分30秒。
3. 混合**C**。
4. 將**2**從容器中取出，分切成適當大小後放回容器內，立刻均勻淋上**3**（MEMO＊2）。
5. 在平底鍋中以中火加熱椰子油，排入**4**（MEMO＊3），不加蓋煎約1分30秒。待呈現金黃色就輕輕翻面，以相同方式煎另一面（MEMO＊4）。盛入容器，如果有的話就撒上糖粉。

POINT

不需要將燕麥片打成粉狀，直接使用就OK。一開始要先和豆渣粉、泡打粉混合，並用筷子攪拌均勻。

MEMO

（＊1）亦可改用牛奶或杏仁奶。 （＊2）重點是要趁熱淋上蛋液！蛋液會被充分地吸收進去。操作時小心別被燙傷。可以用手指輕壓，如果蛋液會冒出來就表示OK。
（＊3）吸收蛋液的麵包容易散掉，要用手拿著放入平底鍋！
（＊4）和一般的法式吐司不同，不是以小火慢煎，而是要迅速使其上色！

口感外酥內軟～♪
燕麥片的香氣是一大亮點

燕麥片和豆渣做的 不管是可可粉還是巧克力，口味任你隨意變化♡

馬芬蛋糕

材料 （直徑5cm的馬芬杯3個份）

A
- 燕麥片…30g
- 豆渣粉…20g
- 羅漢果糖…20～30g
- 鹽…1撮
- 泡打粉…4g

B
- 蛋…1顆
- 原味優格（無糖）…100g
- 水…20g
- 香草精…適量

巧克力豆、葡萄乾、綜合堅果、炒黑芝麻（依個人喜好）…各適量

●準備

烤箱預熱至180℃。

作法

1 在調理盆中放入**A**混勻（MEMO＊1）。加入**B**，攪拌均勻。依個人喜好混入巧克力豆、葡萄乾、堅果、芝麻。

2 將**1**平均倒入馬芬杯，以180℃的烤箱烤30分鐘（MEMO＊2）。

因為沒有使用麵粉，
也沒有使用奶油和油，
所以低醣&低脂！
麵糊和配料都可以任意變化，
請各位一定要做做看喔～

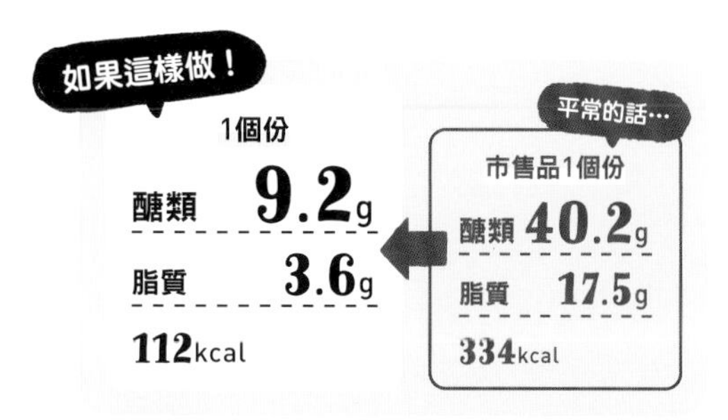

MEMO
（＊1）也可以加入4g的可可粉或抹茶粉。
（＊2）如果杯子比較小，烘烤時間就改成25分鐘。雖然也可以用電烤箱來烤，但因為容易燒焦，所以烤的時候一看到上色了就要蓋上鋁箔紙。

材料沒有油卻有著
濕潤綿密的口感，
真是太棒了

塔皮是用燕麥片
和豆渣做成而且無油，
內餡則是以豆腐
為基底的巧克力凍♪
明明是正統的巧克力塔
卻超低脂&低熱量！

燕麥片做的 用煎蛋器做的喔！

豆腐巧克力塔

微波＋
平底鍋

材料 （20×15cm的煎蛋器1個份）

〈塔皮〉
燕麥片…40g
豆渣粉…10g
羅漢果糖…20g
鹽…1撮
蛋…1顆

〈內餡〉
豆腐（嫩豆腐）…300g
蛋…1顆
羅漢果糖…40g
可可粉…20g
蜂蜜…10g
蘭姆露…數滴

〈配料〉
香蕉、綜合堅果（依個人喜好）…各適量

作法

1 製作內餡。在耐熱調理盆中鋪廚房紙巾，放入捏碎的豆腐，不覆上保鮮膜，用微波爐（600W）加熱5分鐘。連同廚房紙巾放入篩子裡，確實去除水分直到重量剩下一半（MEMO＊1）。

2 加入剩下的材料，充分攪拌到變得滑順（MEMO＊2）。

3 製作塔皮。在調理盆中放入所有材料，用湯匙背面搓揉混合，聚集成團。如果無法成團就分次加入少量的水。

4 將**3**放入煎蛋器薄薄地鋪平，側面高度約為1～2cm（MEMO＊3）。倒入**2**，加蓋燜烤20～30分鐘（MEMO＊4）。

5 放在煎蛋器中靜置冷卻，之後用鍋鏟輕輕地取出，送入冷藏室。依個人喜好以香蕉片、堅果碎當作配料，切成方便食用的大小。

POINT

將塔皮鋪滿整個煎蛋器。
為了能夠倒入內餡，側邊
也要豎起來呈現盒狀。

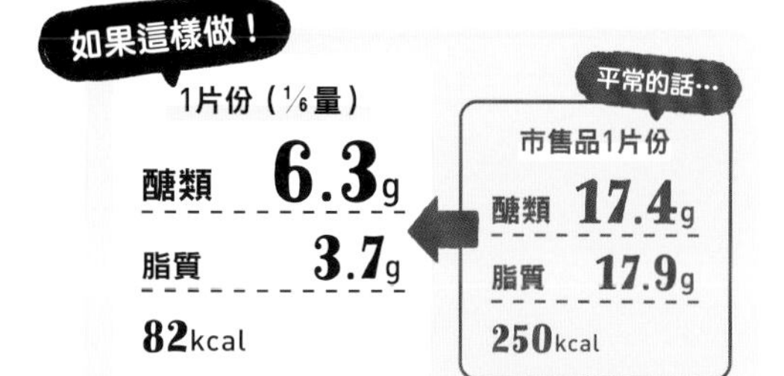

MEMO （＊1）只要放上重物或用力擠壓，就能迅速去除水分。 （＊2）建議使用電動攪拌器或食物調理機！
（＊3）手上只要沾油或水就不會沾黏，方便作業。 （＊4）表面凝固乾燥就表示烤好了。

酥脆塔皮和
濃郁巧克力，營造出
醇厚的奢侈美味♡

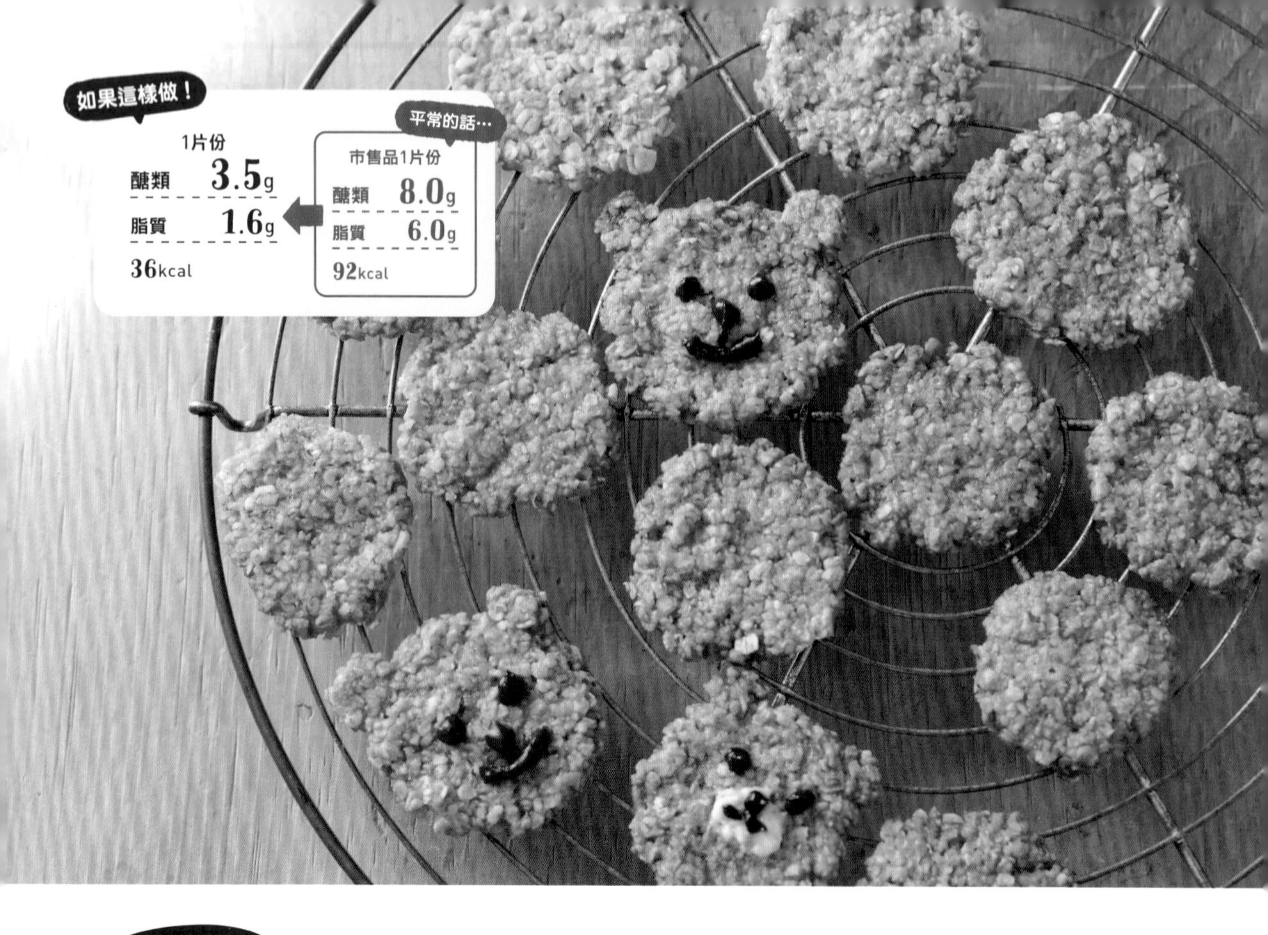

燕麥片做的 絕佳口感讓人好滿足

酥脆餅乾

材料 （直徑5cm 14片份）

A 燕麥片…70g
羅漢果糖…30～40g
鹽…1撮

椰子油…10g（MEMO＊1）
蛋…1顆

●準備
假使椰子油凝固，就用微波爐（600W）加熱20～30秒成液狀。烤箱預熱至160℃。

作法

1 在調理盆中放入A攪拌，接著加入椰子油、蛋，攪拌到整體變得濕潤就靜置10分鐘。

2 將各1⁄14的1放在烘焙紙上，用湯匙背面延展成薄片（MEMO＊2），以160℃的烤箱烤25分鐘。在烤箱內靜置到大致冷卻，之後再拿出來徹底放涼（MEMO＊3）。

MEMO （＊1）改用別種油也OK。　（＊2）盡量延展成薄片會比較酥脆。
（＊3）剛烤好的餅乾很柔軟，一碰就碎，所以在完全冷卻之前千萬不能碰。冷卻後，也可以用巧克力筆畫上表情！

燕麥片和豆腐做的 超Q彈♪ 放久了也不會變硬

低GI醬油糰子

材料（5串份）

豆腐（嫩豆腐）…300g

A
- 燕麥片…90g
- 羅漢果糖…10g
- 鹽…1撮

喜歡的油…適量

B
- 高湯醬油…2大匙
- 羅漢果糖…1大匙
- 味醂…1大匙
- 片栗粉…1小匙

作法

1. 在耐熱調理盆中放入豆腐，用湯匙搗成滑順狀。加入**A**攪拌，不覆上保鮮膜，用微波爐（600W）加熱3分鐘，之後靜置到大致冷卻。
2. 揉成一口大小，插在竹籤上。
3. 在平底鍋中抹薄薄一層喜歡的油，排入**2**，以中小火一邊不時翻面，一邊煎到變色。
4. 加入**B**，熬煮到產生濃稠度。盛入容器，淋上平底鍋中剩餘的醬汁（MEMO＊1）。

不僅是不易讓血糖值上升的低GI，更含有豐富的膳食纖維和維生素B_1！我每次吃這個腸胃都會變得很舒服，不曉得各位覺得如何？

MEMO （＊1）裹上黃豆粉或放上紅豆餡也很好吃！

鹹味蔬菜司康
豆腐讓無油司康
吃起來也好濕潤！
當作正餐也OK
能夠一次攝取到醣類、
蔬菜和蛋白質，也很推薦當成早餐！
搭配奶油乳酪或希臘優格也超棒♡
剛烤好時的鬆軟，和冷掉後的
濕潤口感都一樣美味♪
吃之前只要重新加熱，
就會恢復蓬鬆的口感囉～。
司康

如果這樣做！

1個份

醣類 10.1g

脂質 4.0g

109kcal

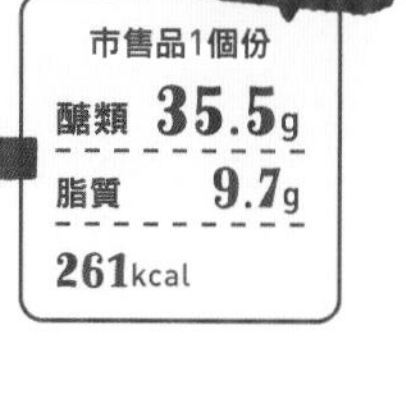

燕麥片做的 含有大量蔬菜，超有飽足感！

鹹味蔬菜司康

材料 （5～6cm見方5個份）

A 燕麥片…60g
豆渣粉…20g
羅漢果糖…10g
雞湯粉…3g（MEMO＊1）
泡打粉…7g

B 原味優格（無糖）…70g
蛋…1顆

洋蔥、紅蘿蔔、青椒、培根等
喜歡的食材
…各適量（MEMO＊2）

●**準備**

烤箱預熱至180℃。

作法

1 將喜歡的食材切成細末，用微波爐（600W）加熱約1分鐘。

2 在調理盆中放入**A**攪拌，接著加入**B**，充分攪拌到沒有粉感為止（MEMO＊3）。加入**1**混合攪拌。

3 大略分成5等分，調整成喜歡的形狀（MEMO＊4）。

4 將**3**排在鋪有烘焙紙的烤盤上，以180℃的烤箱烤20g分鐘。

MEMO

（＊1）亦可改用3g的高湯粒。
（＊2）也很推薦使用毛豆、玉米、起司。
（＊3）假使有粉感，就每次各加入10g的水進行調整。
（＊4）先用水沾濕手會比較方便作業。

如果這樣做！

1個份

醣類 11.2g

脂質 4.6g

132kcal

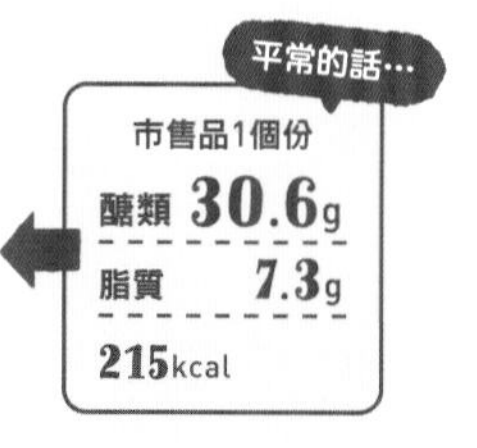

燕麥片和豆腐做的 雖然是巧克力＆堅果的甜點口味卻很健康

司康

材料 （直徑7～8cm 3個份）

A 燕麥片…50g
豆渣粉…15g
羅漢果糖…20～30g（MEMO＊1）
鹽…1撮
泡打粉…4g

豆腐（嫩豆腐）…100g（MEMO＊2）
蛋…1顆
巧克力豆、綜合堅果、炒芝麻
（依個人喜好）…各適量

●**準備**

烤箱預熱至200℃。

作法

1 在調理盆中放入**A**用湯匙混合，接著加入捏碎的豆腐，用湯匙背面搗碎攪拌。加入蛋混勻。依個人喜好加入巧克力豆、堅果、芝麻，混合成團。

2 大略分成3等分，捏成球狀。排在鋪有烘焙紙的烤盤上，以200℃的烤箱烤17分鐘（MEMO＊3）。

MEMO

（＊1）混入巧克力等甜食時，羅漢果糖要減少成20g。
（＊2）不需要去除水分。
（＊3）用電烤箱來烤也OK！

用蛋白粉製作！
可隨身攜帶的高蛋白點心

沒有添加多餘的東西，
所以安心&美味♡
只要加入甜味，就會更有
吃甜點的感覺。如果要加入蜂蜜，
請稍微減少豆漿的用量
來調整硬度。

蛋白粉和燕麥片做的

燕麥球

攪拌、揉圓，10分鐘完成！

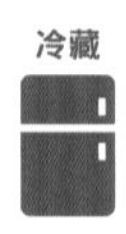

材料 （直徑3cm 9～10個份）

A | 燕麥片…50g
乳清蛋白粉…30g（MEMO＊1）
羅漢果糖…15g
可可粉（依個人喜好）…4g（MEMO＊2）

豆漿…40g（MEMO＊3）
綜合堅果、葡萄乾（依個人喜好）
…20g（MEMO＊4）
可可粉、黃豆粉（依個人喜好）…各適量

作法

1 在調理盆中放入A混勻。加入豆漿，用湯匙從底部翻起攪拌（MEMO＊5）。依個人喜好加入堅果和葡萄乾。

2 攪拌到像偏硬的黏土一樣成團，揉成一口大小。依個人喜好裹上可可粉、黃豆粉，放入冷藏室。

POINT

為了讓蛋白粉等粉類材料和燕麥片均勻混合，加入豆漿之前要先用筷子確實攪拌。

如果這樣做！

1個份（1/10量）

醣類	3.7g
脂質	1.7g
蛋白質量	3.4g
46kcal	

平常的話…

市售品1個份

醣類	11.3g
脂質	4.4g
蛋白質量	1.6g
91kcal	

MEMO
（＊1）如果是使用大豆蛋白粉，由於吸水量不同，請視情況分次少量地加入豆漿等水分。
（＊2）改用抹茶粉、肉桂粉、芝麻也很美味！
（＊3）也可以用牛奶、杏仁奶、水來取代豆漿。　（＊4）別種堅果也可以。
（＊5）只要用湯匙背面用力按壓，水分就會慢慢被吸收進去，整體也會漸漸變得濕潤。若是有粉感，就視情況分次加入少量水分。

只要冷藏就大功告成♡
也很適合作為健身前後的
營養補充品！

蛋白粉和燕麥片做的

直接吃、配牛奶吃都好吃♪ 小心不要吃到忘我喔～

脆穀片

材料 （4～5餐份）

A | 燕麥片…120g
乳清蛋白粉…50g（MEMO＊1）
羅漢果糖…20～30g（MEMO＊2）
鹽…1撮

豆漿…50g（MEMO＊3）
堅果類、葡萄乾、香蕉片、
巧克力豆等（依個人喜好）…各適量

●準備

烤箱預熱至150℃。

作法

1. 在調理盆中放入**A**混勻。加入豆漿，從盆底翻起攪拌（MEMO＊4）。
2. 在烤盤上鋪烘焙紙，將**1**放入攤平。以150℃的烤箱烤20分鐘後暫時取出，弄散之後大略攪拌，繼續烤10分鐘（MEMO＊5）。
3. 烤好後取出放涼。依個人喜好混入堅果、水果乾、巧克力等。

吃起來不會很甜♪
因為蛋白粉的味道很淡，
所以能夠變換成各種口味。
在A的材料中加入抹茶粉
或可可粉也很美味！

如果這樣做！

1餐份（⅕量）

醣類	19.3g
脂質	5.5g
蛋白質量	12.1g
184kcal	

平常的話…

市售品1餐份

醣類	31.6g
脂質	7.6g
蛋白質量	4.1g
220kcal	

MEMO

（＊1）如果是使用大豆蛋白粉，由於吸水量不同，請視情況分次少量地加入豆漿等水分。
（＊2）改用蜂蜜時，請視情況調整豆漿的用量。
（＊3）也可以使用牛奶或杏仁奶。
（＊4）一開始會是乾鬆狀，但是只要用湯匙背面用力按壓、反覆攪拌，整體就會漸漸變得濕潤。
（＊5）中途攪拌可以避免穀片燒焦或烤得不均勻。如果弄得太散，就會沒有餅乾的感覺，攪拌時請讓穀片適度保有塊狀。

在拍攝現場大受好評。
若再搭配上堅果，
更是讓人一吃著迷~!

蛋白粉和燕麥片做的 關鍵是作為黏著物的豆腐和蛋白粉！

高蛋白馬芬蛋糕

材料 （直徑5cm馬芬杯3個份）

豆腐（嫩豆腐）…140g

A
- 乳清蛋白粉…30g
- 燕麥片…30g
- 豆渣粉…10g
- 泡打粉…5g
- 羅漢果糖…10～20g

綜合堅果、水果乾（依個人喜好）
…各適量

●準備

烤箱預熱至160℃。

作法

1 在調理盆中放入豆腐，用湯匙壓成滑順狀。加入**A**（MEMO＊1），充分攪拌到沒有結塊（MEMO＊2）。

2 將**1**平均倒入馬芬杯，依個人喜好擺上堅果、水果乾。以160℃的烤箱烤20～25分鐘。

不使用麵粉和蛋！
無油！雖然加入了豆腐
來防止乾燥，但是吃起來
完全沒有豆腥味，
請放心享用～♪

MEMO
（＊1）亦可加入5g可可粉或5g抹茶粉。
（＊2）如果質地太硬且乾燥，就分次加入少量的水。

蛋白粉和燕麥片做的 用煎蛋器做好後切成方便食用的大小

磅蛋糕棒

材料 （20×15cm的煎蛋器1個份）

A
- 乳清蛋白粉…30g
- 燕麥片…20g
- 豆渣粉…10g
- 羅漢果糖…10～20g
- 泡打粉…4g
- 鹽…1撮
- 洋車前子粉（車前草，如果有的話）…1g
- 可可粉…5g

B
- 蛋…1顆
- 香蕉…大1根（約120g）
- 水…20g

綜合堅果（依個人喜好）…30g
喜歡的油…適量

作法

1. 在調理盆中放入**A**混勻。加入**B**，一邊搗爛香蕉一邊攪拌均勻（MEMO＊1）。依個人喜好混入綜合堅果。
2. 在煎蛋器中抹上薄薄一層喜歡的油，倒入**1**，用湯匙背面整平表面。開小火，蓋上鍋蓋煎約20分鐘（MEMO＊2）。
3. 用鍋鏟輕輕地上下翻面，蓋上鍋蓋再煎約10分鐘。取出放涼，切成6條。

利用香蕉讓口感容易偏乾的蛋白粉甜點變得濕潤。豆渣粉也能提供豐富的蛋白質，是一道低醣又有大量膳食纖維、營養均衡的完美點心。

MEMO
（＊1）一開始會有粉感，但是隨著搗爛香蕉，水分會漸漸讓整體變得濕潤。請做成像什錦燒麵糊一樣的硬度！
（＊2）等到邊緣開始變乾就OK了！

可以塗在低醣點心上♪
也可以沾著吃♪夾著吃♪

4種奶油霜

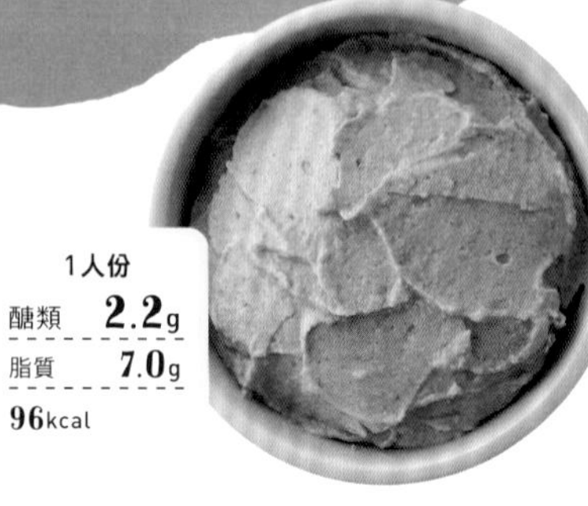

1人份
醣類 2.2g
脂質 7.0g
96kcal

豆腐花生奶油

材料 （約180g，4人份）

豆腐（嫩豆腐）…150g

A
- 花生粉…40g（MEMO＊1）
- 黃豆粉…10g
- 羅漢果糖…25～30g
- 味噌…7g（MEMO＊2）

作法

1. 在耐熱調理盆中鋪廚房紙巾，放入捏碎的豆腐，不覆上保鮮膜，用微波爐（600W）加熱2分鐘。冷卻後擰乾，去除水分（MEMO＊3）。
2. 加入A，用電動攪拌器或食物調理機打成滑順狀。

MEMO
（＊1）只要將花生粉換成黃豆粉，就變成黃豆粉奶油霜！　（＊2）如果是紅味噌則改為5g。大家可能會覺得很奇怪，但其實加入味噌會讓味道變得醇厚喔！（＊3）只要去除水分到剩下100g左右就OK！

1人份
醣類 1.7g
脂質 1.0g
24kcal

豆漿奶油乳酪

材料 （約80g，2人份）

豆漿（原味）…200g
檸檬汁…10g
鹽…1撮
羅漢果糖…5～10g（MEMO＊1）

作法

1. 在耐熱調理盆中放入豆漿，寬鬆地覆上保鮮膜，用微波爐（600W）加熱1分30秒（MEMO＊2）。
2. 加入檸檬汁混勻，再靜置約10分鐘（MEMO＊3）。
3. 在篩子裡鋪廚房紙巾，倒入2，去除水分。擰乾殘留在廚房紙巾上的東西，進一步確實去除水分。
4. 放入調理盆中，用湯匙按壓攪拌成滑順狀，之後混入鹽和羅漢果糖。

S
（＊1）如果不加入羅漢果糖會變成奶油乳酪。
（＊2）加熱到沒有沸騰但感覺熱熱的程度。
（＊3）這時會分離結塊。

豆漿檸檬卡士達

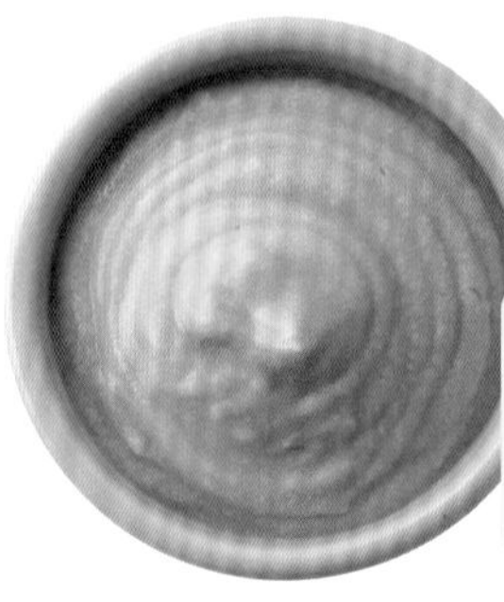

1人份
醣類 1.0g
脂質 1.8g
32kcal

材料 （約180g，4人份）

蛋…1顆

A
- 豆漿（原味）…100g
- 羅漢果糖…30g
- 香草精…數滴

檸檬汁…10g

作法

1. 將蛋打入耐熱調理盆，打散後加入A，攪拌均勻。
2. 寬鬆地覆上保鮮膜，用微波爐（600W）加熱1分30秒。等到邊緣開始凝固就將其攪散，再次寬鬆地覆上保鮮膜，並用微波爐加熱30秒，然後攪拌均勻到沒有結塊。反覆這個步驟2～3次（MEMO＊1）。
3. 將保鮮膜貼著表面覆蓋上去，放入冷藏室靜置（MEMO＊2）。完全冷卻後，加入檸檬汁混勻。

MEMO
（＊1）變成像偏軟的布丁一樣就OK！
（＊2）表面一接觸到空氣就會乾燥結塊，所以要讓保鮮膜貼著表面，送入冷藏室。

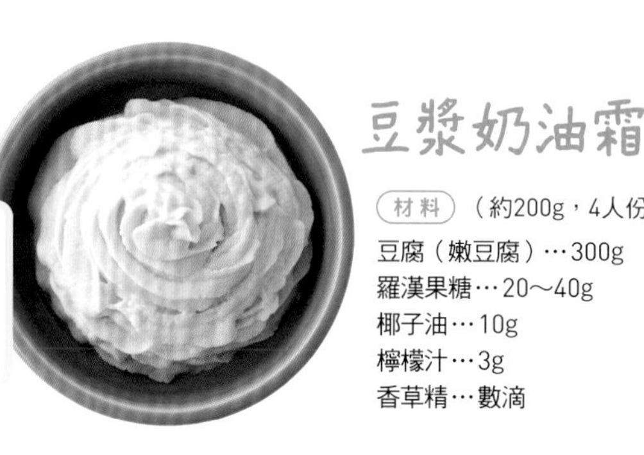

1人份
醣類 0.9g
脂質 5.1g
70kcal

豆漿奶油霜

材料 （約200g，4人份）

豆腐（嫩豆腐）…300g
羅漢果糖…20～40g
椰子油…10g
檸檬汁…3g
香草精…數滴

作法

1. 在耐熱調理盆中鋪廚房紙巾，放入捏碎的豆腐，不覆上保鮮膜，用微波爐（600W）加熱5分鐘。靜置冷卻後，用廚房紙巾包起來擰乾，去除水分（MEMO＊1）。
2. 加入羅漢果糖，用電動攪拌器或食物調理機打成滑順狀。
3. 如果椰子油凝固了，就用微波爐加熱約20秒融化，一口氣倒入2中，攪拌成滑順狀。混入檸檬汁、香草精攪拌均勻，放入冰箱冷藏。

MEMO
（＊1）豆腐確實去除水分會比較沒有豆腥味。如果想做成偏軟的奶油霜，就用牛奶或豆漿調整質地。若將豆腐去除水分到剩下180g，會變成差不多可以用來做裝飾的硬度。

PART 3

夢幻的鹹食類垃圾食物

減醣&低脂，毫無罪惡感！

被視為減肥大忌?!的零食和肉包
也能化身減醣&低脂料理，從此解禁！
讓人身心都大大滿足的魔法食譜，
真教人興奮又期待。
各位，從今以後不用再忍耐了喔♪

不使用麵粉的低醣料理。
還能從絞肉、豆渣粉
攝取到大量蛋白質！

15分鐘就完成，而且Q彈又多汁♡

豆渣做的 微波肉包

加熱之前 10分鐘 微波

材料 （直徑約9cm 2個份）

A
- 豆渣粉…40g
- 羅漢果糖…10g
- 鹽…1撮
- 洋車前子粉（車前草）…6g
- 泡打粉…6g

B
- 雞絞肉…80g
- 洋蔥（細末）…1/8顆
- 高湯醬油…1大匙
- 羅漢果糖…1/2大匙
- 酒…1/2大匙
- 芝麻油…1/2大匙
- 薑泥…1小匙

作法

1. 在調理盆中放入**A**用湯匙攪拌，加入水160g，用湯匙背面壓推混合。聚集成團後大略分成2等分。
2. 在其他調理盆中放入**B**，用湯匙背面攪拌到產生黏性。
3. 將一半的**1**放在保鮮膜上，用手薄薄地延展成直徑17～20cm的圓形。在正中央放上一半的**2**，拉起保鮮膜的四個角，一邊抓出皺褶一邊包成球狀。輕捏保鮮膜使其固定。以相同方式製作另一個。
4. 在耐熱器皿中放入1個包著保鮮膜的**3**，並用微波爐（600W）加熱2分鐘。由於肉包會膨脹起來，所以要稍微揉圓塑形，然後拆掉保鮮膜，再微波加熱1分鐘。另一個的加熱方式亦同。

POINT

用手延展麵團，然後放上絞肉餡。延展麵團時，手要沾水以防沾黏！

將麵團連同保鮮膜拉起，一邊抓出皺褶一邊包入絞肉餡。為防止加熱不均，要一個一個分開加熱。

如果這樣做！

1個份	
醣類	4.7g
脂質	13.1g
230kcal	

平常的話…

市售品1個份	
醣類	41.3g
脂質	16.3g
389kcal	

只需要微波超輕鬆♪
多汁的肉餡讓人
完全吃不出是低醣料理

燕麥片做的 什錦燒

比用麵粉做的更美味

材料 （直徑20cm 1片份）

A | 燕麥片…30g
  | 水…100g

B | 蛋…1顆
  | 日式高湯粒…1又½小匙
  | 高麗菜（細絲）…⅛顆

豬肉片…適量

櫻花蝦、天婦羅花、紅薑等
（依個人喜好）…各適量

喜歡的油…適量

醬汁、美乃滋、柴魚片…各適量

作法

1. 在耐熱調理盆中放入**A**，寬鬆地覆上保鮮膜，用微波爐（600W）加熱1分鐘。加入**B**，攪拌均勻。依個人喜好加入櫻花蝦、天婦羅花、紅薑混勻（MEMO＊1）。
2. 加熱平底鍋，抹上薄薄一層喜歡的油，放入**1**攤平。擺上豬肉，蓋上鍋蓋，以中小火煎約10分鐘。
3. 上下翻面，蓋上鍋蓋繼續煎約5分鐘。盛入容器，淋上醬汁、美乃滋，擺上柴魚片。

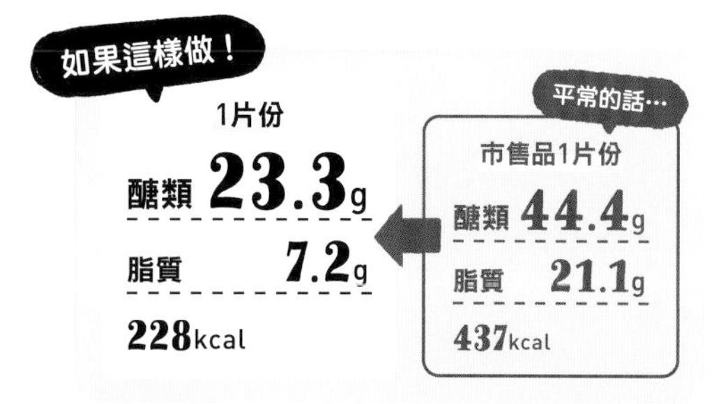

MEMO （＊1）料如果放太多，麵糊就無法成團，因此料的分量要少一點！

鬆軟焦香♪
和加了山藥的名店滋味
相似度百分百

無油炸☆低熱量的微波料理

酥脆薯片

（材料）（1～2人份）

馬鈴薯…2顆
鹽…適量

（作法）

1 馬鈴薯連皮用切片器切成薄片，在水中浸泡約5分鐘。瀝乾水分，用廚房紙巾將水分擦乾。

2 在大的耐熱器皿中鋪廚房紙巾，將**1**平鋪上去不要重疊，撒上鹽巴。不覆上保鮮膜，用微波爐（600W）加熱2分30秒。

3 上下翻面，變換所有薯片的擺放位置（MEMO＊1），繼續微波加熱2分30秒，使其酥脆（MEMO＊2）。

MEMO

（＊1）一邊翻面一邊變換位置，以防加熱不均。

（＊2）如果還軟軟的，就視情況每次多加熱30秒。可依個人喜好撒上青海苔、鹽、胡椒、高湯粉。

1人份（½量）

醣類 **12.1**g
脂質 **0.3**g
108kcal

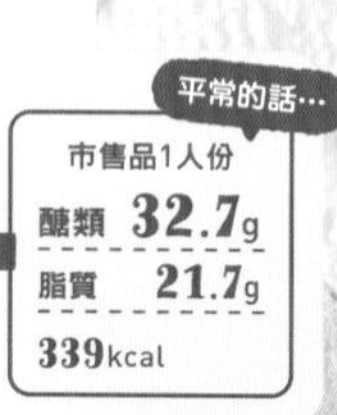

可以盡情享用

4種

燕麥片做的　酥酥脆脆且香氣十足

芝麻仙貝

進烤箱之前
15分鐘
烤箱

（材料）（3cm見方10～12片份）

燕麥片…30g
高湯醬油（或沾麵醬）…10g
味醂…10g
芝麻油…5g
水…10g
炒黑芝麻…1小匙

●準備
烤箱預熱至120℃。

（作法）

1 在調理盆中放入所有材料混勻，靜置約10分鐘。

2 將**1**放在烘焙紙上，覆上保鮮膜用擀麵棒擀薄。撕下保鮮膜，用刀子切成3cm見方。

3 將**2**連同烘焙紙放在烤盤上，以120℃的烤箱烤30分鐘。在烤箱內靜置到大致冷卻（MEMO＊1）。

MEMO

（＊1）冷卻後會變酥脆！

如果這樣做！

1片份（1/12量）

醣類 **1.9**g
脂質 **0.6**g
13kcal

平常的話…

市售品1片份

醣類 **6.7**g
脂質 **4.1**g
73kcal

讓人一吃上癮的超下酒零食

辣味豆皮條

材料（1～2人份）

豆皮（8×8cm）…3片

A 高湯塊（用刀子切碎）…½個
蒜粉…½小匙
羅漢果糖…½小匙
紅椒粉…適量（MEMO＊1）

作法

1 混合**A**。
2 用廚房紙巾包覆豆皮，放在耐熱器皿上，用微波爐（600W）加熱1分鐘。輕壓去除多餘油脂，然後切成細條狀。
3 將**1**、**2**放入塑膠袋中，封閉袋口搖晃、揉搓，讓豆皮充分裹上調味料。
4 在大的耐熱器皿鋪上廚房紙巾，排入**3**，不覆上保鮮膜，微波加熱1分30秒。變換整體的擺放位置以免加熱不均，繼續微波加熱1分30秒（MEMO＊2）。

毫無罪惡感！
低醣零食

如果這樣做！ 1人份（½量）

	如果這樣做！1人份（½量）	平常的話…市售品1人份
醣類	1.0g	20.0g
脂質	7.8g	9.8g
熱量	98kcal	176kcal

MEMO

（＊1）改用辣椒粉、一味辣椒粉也OK。分量依個人喜好。
（＊2）等到變酥脆就完成了！如果還軟軟的，就視情況每次多加熱30秒。

放到隔天還很酥脆，適合做好備用

起司豆皮條

材料（1～2人份）

豆皮（8×8cm）…2片　　起司粉…1大匙
鹽、胡椒…各適量

作法

1 用廚房紙巾包覆豆皮，放在耐熱器皿上，用微波爐（600W）加熱1分鐘。輕壓去除多餘油脂，然後切成細條狀。
2 將**1**放入塑膠袋中，撒上鹽、胡椒，封閉袋口搖晃。加入起司粉，揉搓讓豆皮裹上調味料。
3 在大的耐熱器皿鋪上廚房紙巾，排入**2**，不覆上保鮮膜，微波加熱1分30秒。變換整體的擺放位置以免加熱不均，繼續微波加熱1分30秒（MEMO＊1）。

	如果這樣做！1人份（½量）	平常的話…市售品1人份
醣類	0.2g	9.3g
脂質	6.1g	6.6g
熱量	77kcal	102kcal

MEMO

（＊1）等到變酥脆就完成了！如果還軟軟的視情況每次多加熱30秒。

燕麥片做的 不僅美容效果佳，加了起司更是美味

豆苗煎餅

如果這樣做！

1人份（⅓量）

醣類	8.7g
脂質	7.1g
140kcal	

平常的話…

市售品1片份

醣類	41.7g
脂質	10.1g
295kcal	

材料（2～3人份）

A　燕麥片…40g
　　水…80g

B　蛋…1顆
　　雞湯粉…1小匙

豆苗…½包

融化起司片…1～2片（MEMO＊1）

芝麻油…適量

鹽、醋等（依個人喜好）…各適量

作法

1 豆苗切成2cm長。起司要撕碎。
2 在耐熱調理盆中放入A，寬鬆地覆上保鮮膜，用微波爐（600W）加熱40～50秒。加入B攪拌均勻。
3 加入1，攪拌均勻。
4 加熱平底鍋（直徑24～25cm），抹上薄薄一層芝麻油，放入3薄薄地延展成圓形。蓋上鍋蓋，以中小火煎5～6分鐘（MEMO＊2）。上下翻面，繼續煎3～4分鐘。
5 切成方便食用的大小盛入容器，依個人喜好搭配鹽、醋享用。

豆苗富含具回春效果的維生素A&C，以及預防貧血的葉酸，是對女性特別有益的蔬菜。價格也很實惠，收割一次吃掉後不久就會再長出來，然後又能繼續吃了♡我很喜歡在煎餅上撒鹽的吃法。

MEMO

（＊1）或是披薩起司50～60g。

（＊2）試著輕晃平底鍋，假使煎餅可以輕易滑動就表示可以翻面了！

燕麥片做的 微辣＋濃郁♡ 感覺吃再多都不成問題～

泡菜起司煎餅

如果這樣做！

1人份（⅓量）

醣類	10.5g
脂質	7.1g
147kcal	

平常的話…

市售品1人份

醣類	32.9g
脂質	13.8g
286kcal	

材料（2～3人份）

A　燕麥片…40g
　　水…80g

B　蛋…1顆
　　雞湯粉…1小匙

洋蔥…¼顆

泡菜…50g

融化起司片…1～2片（MEMO＊1）

芝麻油…適量

鹽、醋等（依個人喜好）…各適量

作法

1 洋蔥切成薄片。起司要撕碎。
2 在耐熱調理盆中放入A，寬鬆地覆上保鮮膜，用微波爐（600W）加熱40～50秒。加入B攪拌均勻。
3 加入1、泡菜，攪拌均勻。
4 加熱平底鍋（直徑24～25cm），抹上薄薄一層芝麻油，放入3薄薄地延展成圓形（MEMO＊2）。蓋上鍋蓋，以中小火煎5～6分鐘。上下翻面，繼續煎3～4分鐘。
5 切成方便食用的大小盛入容器，依個人喜好搭配鹽、醋享用。

MEMO

（＊1）或是披薩起司50～60g。

（＊2）如果不會翻面，可以不加油，在鍋中鋪上烘焙紙來煎，這樣就可以直接翻面，做出漂亮的煎餅了。

如果這樣做！

1人份	
醣類	3.6g
脂質	21.0g
283kcal	

平常的話…

市售品1片份	
醣類	32.4g
脂質	32.4g
310kcal	

照片為2人份

豆渣做的　實作回報數No.1☆ Q彈＆牽絲的起司超濃郁

起司烤餅

材料（1人份）

A｜豆渣粉…20g
　 洋車前子粉（車前草）
　 　…3g（MEMO＊1）
　 泡打粉…3g
　 羅漢果糖…10g
　 鹽…1撮
B｜水…70g
　 橄欖油…3g
披薩起司…50～60g（MEMO＊2）

作法

1. 在調理盆中放入A混合，加入B，用湯匙背面壓推，攪拌成團。
2. 將1放在烘焙紙上，並延展成5mm厚的橢圓形（MEMO＊3）。在麵團的一半放上起司，連同烘焙紙將麵團對折夾住起司，然後捏住邊緣使其黏合。
3. 連同烘焙紙放入平底鍋，以中小火乾煎約5分鐘。上色了就連同烘焙紙上下翻面，繼續煎約3分鐘直到上色。切成方便食用的大小，盛盤。

POINT

亦可用融化起司片1～2片取代披薩起司。

MEMO

（＊1）亦可用片栗粉15g取代洋車前子粉！若是使用片栗粉，由於比較容易散開、難以成團，因此包入起司和翻面時要特別謹慎。
（＊2）也可以包入肉醬、絞肉咖哩、火腿、紅豆餡、巧克力香蕉等。也很推薦微波加熱南瓜後搗爛，混入羅漢果糖、鹽、肉桂粉、豆漿做成的南瓜餡！
（＊3）手上只要沾水或油就不會沾黏，方便作業。

PART 4 冰品類甜點

從果凍到冰淇淋 所有甜點 都是低熱量

使用優格、豆腐、豆漿來取代脂肪含量高的鮮奶油和乳酪，冰～冰涼涼的甜點也能美味又低熱量。不僅能盡情享用最愛的滑嫩冰涼甜點，居然還能變漂亮，真是太幸福了～♡

將大受歡迎的台灣甜點做成低甜度版本

豆花

材料 （2人份）

A　豆漿（原味）…220g（MEMO＊1）
　　羅漢果糖…20～30g

香草精…數滴

吉利丁粉…4g

黃豆粉、紅豆粒餡、芒果、櫻桃（罐頭）等（依個人喜好）…各適量（MEMO＊2）

〈糖漿〉（MEMO＊3）

蜂蜜…1大匙

水…1大匙

即溶咖啡粉…1撮

作法

1 在耐熱容器中放入**A**稍微攪拌，用微波爐（600W）加熱1分30秒，稍微攪拌。

2 在其他耐熱容器中放入水30g，撒入吉利丁粉稍微攪拌，微波加熱20～30秒（MEMO＊4）。加入**1**中攪拌均勻，再加入香草精，接著平均倒入容器中，放入冰箱冷藏2～3小時。

3 混合糖漿的材料，放入冰箱冷藏。

4 等到**2**凝固就淋上**3**，依個人喜好放上黃豆粉、紅豆粒餡、水果等。

降低豆花的甜度，
淋上糖漿或放上紅豆餡，
以甜甜的食材作為配料。
如果不加配料，建議可以
將羅漢果糖調整成30g！
請視味道自行調整。

如果這樣做！

1人份		平常的話…市售品1人份
醣類	19.9g	36.1g
脂質	2.8g	3.6g
	116kcal	190kcal

MEMO（＊1）豆漿建議選用濃郁的原味！改用調味豆漿、牛奶、杏仁奶也OK。如果喜歡超濃郁又Q彈的口感，就將豆漿的用量改成250g！　（＊2）草莓、橘子（罐頭）、水蜜桃（罐頭）也可以當成配料。
（＊3）也可以用黑糖蜜取代糖漿。　（＊4）加熱過程中如果咕嚕一聲爆開了，就停止加熱。

咖啡糖漿完美襯托出豆漿的溫和風味

不使用鮮奶油和巧克力！口感酥脆

豆腐生巧克力冰淇淋

材料 （5餐份）

豆腐（嫩豆腐）…300g

A
- 羅漢果糖…50g
- 可可粉…25g
- 蜂蜜…10g
- 蘭姆露（依個人喜好）…數滴

吉利丁粉…3g

可可粉…適量

作法

1. 在耐熱調理盆中鋪廚房紙巾，放入捏碎的豆腐，用微波爐（600W）加熱5分鐘。連同廚房紙巾移到篩子內，冷卻後用廚房紙巾用力擰，徹底去除水分（MEMO＊1）。
2. 在調理盆中放入**1**、**A**，用電動攪拌器或食物調理機打成滑順狀。
3. 在耐熱容器中放入水40g，撒入吉利丁粉稍微攪拌，微波加熱20～30秒（MEMO＊2）。一口氣加入**2**中，接著攪拌均勻。
4. 在方形淺盤或較大的保存容器中鋪保鮮膜，倒入**3**，放入冰箱冷凍約5小時（MEMO＊3）。切成喜歡的大小，裹上可可粉。

MEMO

（＊1）去除水分後的豆腐為200～230g。
（＊2）加熱過程中如果咕嚕一聲爆開了，就停止加熱。
（＊3）也可以分成小份倒入布丁杯中冷凍！如果冷凍太久變得很硬，就放入冷藏室解凍！

如果這樣做！

1個份（1/7量）	
醣類	1.8g
脂質	4.2g
59kcal	

平常的話…

市售品1個份	
醣類	11.4g
脂質	7.3g
128kcal	

香氣十足且口感輕盈滑順

黑芝麻寒天布丁

冷藏之前 5分鐘

微波＋冷藏

這道對身體有益的甜點，使用了豆類（豆漿）、芝麻、海藻（寒天）這幾樣代表性的健康食材。芝麻富含蛋白質、鎂、鈣、維生素E等養分，對女性非常有幫助♡

材料（直徑4cm的杯子6～7個份）

豆漿…350g（MEMO＊1）

A
- 羅漢果糖…30g
- 鹽…1撮
- 黑芝麻醬…35g（MEMO＊2）
- 黃豆粉…5g（MEMO＊3）
- 寒天粉…1g（MEMO＊4）

打發鮮奶油、黃豆粉、炒黑芝麻（依個人喜好）…各適量

作法

1. 在大的耐熱調理盆中放入豆漿150g、A，混合均勻（MEMO＊5）。不覆上保鮮膜，用微波爐（600W）加熱1分30秒。
2. 取出來攪拌均勻，接著不覆上保鮮膜，再次微波加熱1分30秒（MEMO＊6）。加入剩下的豆漿，攪拌均勻。
3. 平均倒入杯中，接著放入冰箱冷藏15分鐘直至凝固。依個人喜好搭配打發鮮奶油、黃豆粉、芝麻享用。

MEMO
（＊1）亦可用牛奶、杏仁奶取代豆漿。豆漿和牛奶做出來的味道比較醇厚，杏仁奶則比較清爽。
（＊2）芝麻醬的用量依個人喜好增減。使用35g能夠呈現出濃郁的芝麻風味。
（＊3）沒有黃豆粉也可以，不過加了香氣會更迷人。
（＊4）寒天的用量即使差異些微，也會讓成品呈現出不一樣的口感，因此請用電子秤確實測量！
（＊5）因為加熱過程中有可能會噴出來，所以要使用大的耐熱調理盆。　（＊6）變成稍微濃稠的狀態。

沒有使用乳酪照樣濃郁得令人滿足

豆腐優格提拉米蘇

完成為止 20分鐘　微波

材料（直徑5cm的杯子3個份）

〈提拉米蘇奶油霜〉

豆腐（嫩豆腐）…100g

A
- 希臘優格（原味、無糖）…100g（MEMO＊1）
- 羅漢果糖…20g
- 味噌…3g

豆渣做的咖啡戚風蛋糕（參考p.37）…適量

可可粉…適量

作法

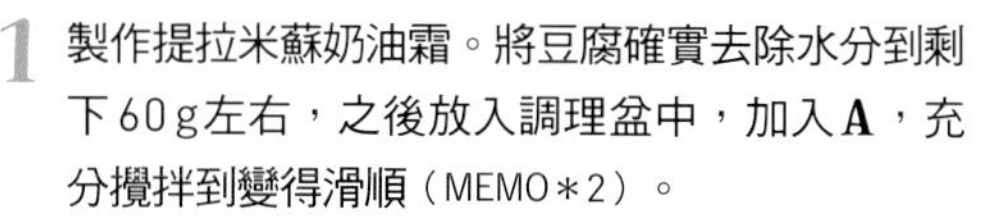

1. 製作提拉米蘇奶油霜。將豆腐確實去除水分到剩下60g左右，之後放入調理盆中，加入**A**，充分攪拌到變得滑順（MEMO＊2）。
2. 將咖啡戚風蛋糕切成薄片，用杯子壓出6片圓形。
3. 在杯底鋪1片**2**，放入**1**到一半的高度，接著放上1片**2**，再放入**1**。依照相同方法做出另外2杯，最後撒上大量可可粉。

MEMO（＊1）推薦使用濃郁的「PARTHENO」（森永乳業）！
（＊2）使用電動攪拌器或食物調理機更好。

提拉米蘇奶油霜做的　只要微波就好的變化吃法☆

咖啡凍

冷藏之前 5分鐘
微波＋冷藏

材料（直徑5cm的杯子3個份）

A | 即溶咖啡粉…4小匙
水…150g
羅漢果糖…2小匙
寒天粉…1g

提拉米蘇奶油霜（參考p.72）…適量

作法

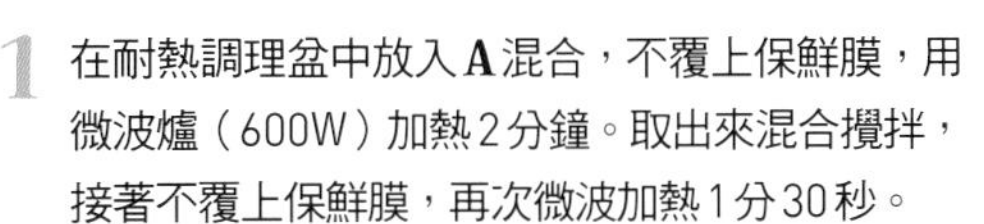

1 在耐熱調理盆中放入A混合，不覆上保鮮膜，用微波爐（600W）加熱2分鐘。取出來混合攪拌，接著不覆上保鮮膜，再次微波加熱1分30秒。

2 加入水150g混勻，平均倒入杯中，放入冰箱冷藏約1小時。凝固後淋上提拉米蘇奶油霜。

綿密濃郁♪ 可以拉好長～的土耳其風

燕麥義式冰淇淋

材料（3人份）

A
- 燕麥片…20g（MEMO＊1）
- 羅漢果糖…25～30g
- 豆漿（或牛奶）…250g
- 香草精…數滴

杏仁角（依個人喜好）…適量

作法

1. 在大的耐熱調理盆中放入**A**攪拌（MEMO＊2），不覆上保鮮膜，用微波爐（600W）加熱4分鐘。取出來攪拌一下，接著不覆上保鮮膜，繼續微波加熱4分鐘（MEMO＊3）。
2. 移到容器內大致放涼，然後放入冰箱冷凍3～4小時（MEMO＊4）。盛入容器，依個人喜好撒上杏仁角。

MEMO
（＊1）如果希望口感滑順，就用食物調理機將燕麥片打成粉末。
（＊2）可依個人喜好加入可可粉、抹茶粉、肉桂粉等，或是拌入巧克力豆、堅果類。
（＊3）只要呈現濃稠狀就 OK。如果加熱了還是沒有稠度，就視情況拉長加熱時間，或者再加一些燕麥片進去加熱。
（＊4）如果冷凍太久變得很硬，就在吃之前的 20 分鐘從冷凍室拿出來置於室溫中，或是微波加熱約 30 秒。

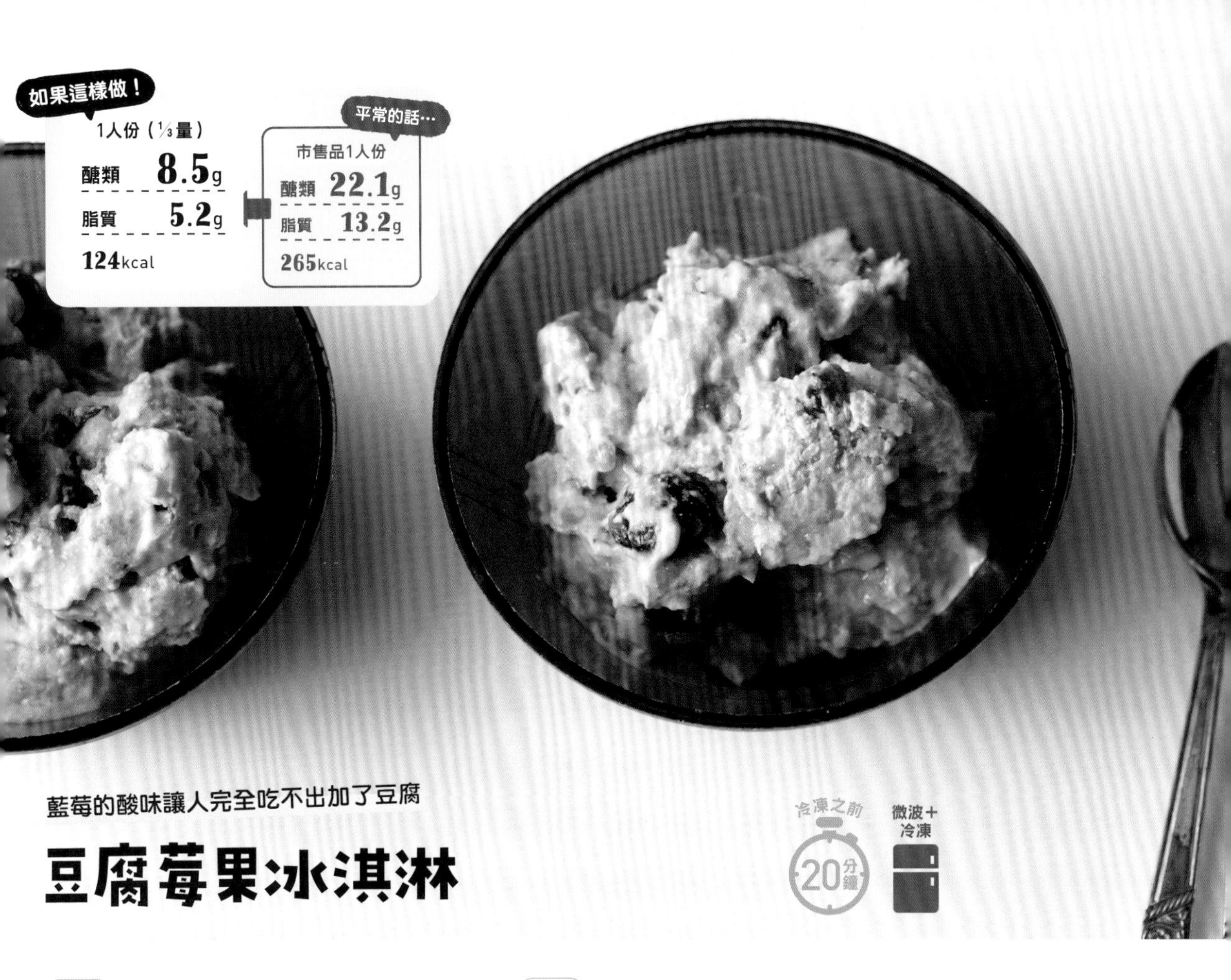

藍莓的酸味讓人完全吃不出加了豆腐

豆腐莓果冰淇淋

冷凍之前 20分鐘　微波＋冷凍

材料（2～3人份）

豆腐（嫩豆腐）…300g（MEMO＊1）

A
- 希臘優格（原味、無糖）…100g
- 羅漢果糖…30～40g（MEMO＊2）
- 香草精（如果有的話）…數滴

檸檬汁…數滴

吉利丁粉…2g

藍莓或綜合莓果（冷凍）…50～60g（MEMO＊3）

香蕉…1根

作法

1. 在耐熱調理盆中鋪廚房紙巾，放入豆腐，不覆上保鮮膜，用微波爐（600W）加熱5分鐘。放在篩子裡靜置到大致冷卻，然後用力將水分擰乾。
2. 在調理盆中放入**1**、**A**，充分攪拌到變得滑順（MEMO＊4）。混入檸檬汁。
3. 在耐熱容器中放入水20g，撒入吉利丁粉稍微攪拌，微波加熱20～30秒（MEMO＊5）。
4. 將**3**一口氣全部加入**2**中，攪拌均勻。加入莓果、香蕉拌勻後裝進冷凍保存袋或保存容器，放入冰箱冷凍1～2小時。
5. 取出來隔著袋子搓揉（如果是容器就攪拌），繼續冷凍1～2小時。吃之前再次隔著袋子搓揉（MEMO＊6）。

MEMO
（＊1）豆腐請選擇便宜的！因為昂貴的美味豆腐豆味強烈，水分也較多。
（＊2）改用蜂蜜也OK。甜度請自行斟酌。　（＊3）另外也推薦芒果、水蜜桃（罐頭）等！
（＊4）使用電動攪拌器或食物調理機可迅速完成！　（＊5）加熱過程中如果咕嚕一聲爆開了，就停止加熱。
（＊6）冷凍到變硬了就從冰箱拿出來，靜置一會再搓揉。

加了吉利丁讓口感好滑順～

水果牛奶冰棒

如果這樣做！

1支份

醣類 **10.0**g

脂質 **2.0**g

70kcal

平常的話…

市售品1支份

醣類 **25.7**g

脂質 **3.1**g

144kcal

材料 （3支份）

A
- 牛奶…150g（MEMO＊1）
- 羅漢果糖…40g（MEMO＊2）
- 香草精（如果有的話）…數滴

吉利丁粉…2g

紅豆粒餡、水果…各適量（MEMO＊3）

作法

1. 在調理盆中放入**A**，攪拌均勻。
2. 水果切成5mm厚。
3. 在耐熱容器中放入水20g，撒入吉利丁粉稍微攪拌，用微波爐（600W）加熱20～30秒（MEMO＊4）。加入**1**中，迅速攪拌。
4. 在冰棒模中放入**2**和紅豆粒餡，倒入**3**後插上棍子，放入冰箱冷凍3～4小時（MEMO＊5）。

POINT

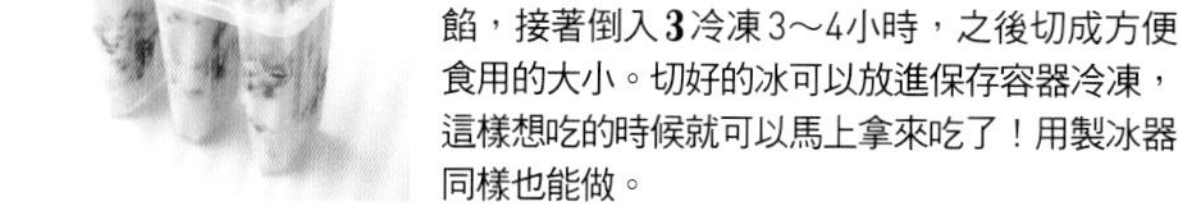

冰棒模是在百圓商店購入。如果是用方形淺盤製作，要先在盤中鋪保鮮膜再排放水果和紅豆粒餡，接著倒入**3**冷凍3～4小時，之後切成方便食用的大小。切好的冰可以放進保存容器冷凍，這樣想吃的時候就可以馬上拿來吃了！用製冰器同樣也能做。

MEMO （＊1）也可以用豆漿、椰奶、杏仁奶取代牛奶，不過牛奶的乳香比較好吃！（＊2）改用砂糖也OK。（＊3）照片裡的3支冰棒，一共使用了紅豆粒餡20g、奇異果½顆、葡萄2粒、芒果20g。除此之外，使用橘子（罐頭）、草莓、香蕉、水蜜桃（罐頭）、鳳梨（罐頭）也很棒。西瓜、蘋果、水梨因為水分多、味道淡，所以不適合。（＊4）加熱過程中如果咕嚕一聲爆開了，就停止加熱。（＊5）冷凍時間會隨容器大小而改變，請視情況自行調整！冷凍過的冰棒如果太硬，只要在室溫下靜置2～3分鐘就會變得方便食用。

在家也能輕鬆做出經典口味♪

紅豆冰棒

材料 （3支份）

牛奶…150g（MEMO＊1）
紅豆泥…70g（MEMO＊2）
羅漢果糖…20～30g（MEMO＊3）
吉利丁粉…2g

作法

1. 在調理盆中放入牛奶、紅豆泥混合。視甜度加入適量的羅漢果糖，攪拌均勻。
2. 在耐熱容器中放入水20g，撒入吉利丁粉稍微攪拌，用微波爐（600W）加熱20～30秒（MEMO＊4）。加入**1**中，迅速攪拌。
3. 倒入冰棒模中（MEMO＊5），插上棍子，放入冰箱冷凍4～5小時。

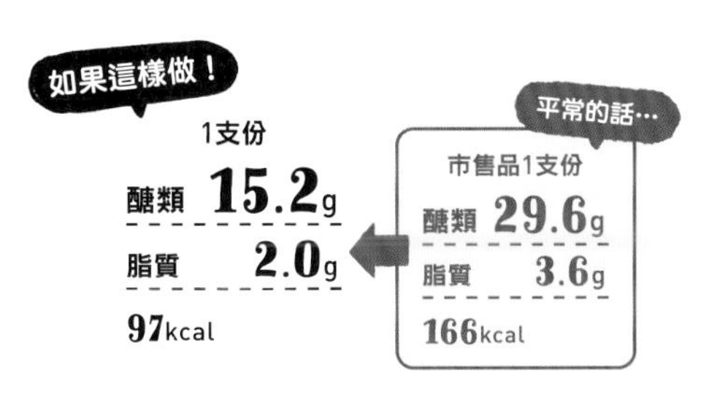

MEMO （＊1）也可以改用豆漿、椰奶、杏仁奶。
（＊2）紅豆泥可以自製，也可以用市售品。使用紅豆粒餡也OK，不過紅豆泥的口感比較滑順。使用紅豆粒餡時，最好用電動攪拌器或食物調理機來打。紅豆泥的量可依個人喜好決定。
（＊3）羅漢果糖的用量要視紅豆泥的甜度做調整。市售紅豆泥比較甜，大約20g就差不多了。如果是自製紅豆泥，25g的甜度比較剛好！　（＊4）加熱過程中如果咕嚕一聲爆開了，就停止加熱。　（＊5）也可以用方形淺盤或製冰盒來做！詳情參考p.76的POINT。

用燕麥片♪ 豆渣♪ 製作
減醣&低脂麵包

如果這樣做！

1個份

醣類 12.5g

脂質 5.9g

143kcal

平常的話…

市售品1個份

醣類 19.3g

脂質 7.3g

158kcal

燕麥片做的　吃一個就超滿足♡ 香氣迷人且帶有淡淡甜味

Q彈麵包

材料（直徑約8cm 3個份）

A
- 燕麥片…50g
- 豆渣粉…10g
- 杏仁粉…15g
- 羅漢果糖…15～20g（MEMO＊1）
- 鹽…1撮
- 洋車前子粉（車前草）…4g
- 泡打粉…5g

B
- 蛋…L號1顆（MEMO＊2）
- 原味優格（無糖）…60g（MEMO＊3）

●**準備**

烤箱預熱至180℃。

如果燕麥片的顆粒很大，就用食物調理機或磨粉機打成粉末（MEMO＊4）。

作法

1. 在調理盆中放入**A**混勻。加入**B**，用刮刀攪拌到整體變得濕潤（MEMO＊5）。
2. 分成3等分，分別揉圓（MEMO＊6）。排在鋪有烘焙紙的烤盤上，以180℃的烤箱烤20～25分鐘。

POINT

如果要吃的時候冷掉了，只要微波加熱20秒或用電烤箱加熱，就會恢復Q彈美味的狀態！

MEMO

（＊1）亦可改用甜菜糖等砂糖。　（＊2）蛋太小麵團會不易成團，所以要加水調整質地！

（＊3）優格不需要去除水分。　（＊4）不將燕麥片打成粉末也能做，只是成品的口感會比較紮實有嚼勁！

（＊5）如果感覺很乾燥，就視情況分次加入少量的水。

（＊6）手上只要沾水就不會沾黏，方便作業！

如果這樣做！

1個份

醣類	3.9g
脂質	5.9g
113kcal	

平常的話…

市售品1個份

醣類	19.3g
脂質	7.3g
158kcal	

豆渣做的　無油卻濕潤＆鬆軟，令人驚喜

鬆軟麵包

進烤箱之前

烤箱

材料（直徑約8cm 3個份）

A
- 豆渣粉…30g（MEMO＊1）
- 杏仁粉…15g（MEMO＊2）
- 羅漢果糖…15g（MEMO＊3）
- 鹽…1撮
- 洋車前子粉（車前草）…5g（MEMO＊4）
- 泡打粉…5g

B
- 蛋…1顆
- 原味優格（無糖）…100g（MEMO＊5）
- 水…20g

●準備

烤箱預熱至180℃。

作法

1. 在調理盆中放入A混勻，加入B攪拌均勻（MEMO＊6）。分成3等分，用手沾水揉圓（MEMO＊7）。
2. 將1排在鋪有烘焙紙的烤盤上，以180℃的烤箱烤20～25分鐘（MEMO＊8）。

POINT

剛烤好時非常Q彈鬆軟，但是冷卻後吃起來更像麵包♪ 要吃之前微波20秒左右，立刻就會恢復鬆軟的口感！

MEMO
（＊1）豆渣粉如果太乾就加水進去。亦可用大豆膳食纖維粉25g取代豆渣粉。
（＊2）如果沒有杏仁粉，改用黃豆粉或芝麻粉也OK！或是將豆渣粉增加到38g。
（＊3）亦可改用甜菜糖等砂糖。　（＊4）洋車前子粉不可省略。
（＊5）優格不需要去除水分。　（＊6）攪拌到麵團有點軟，像是馬鈴薯沙拉的程度。
（＊7）揉圓後用手沾水撫摸表面，烤出來的麵包表面就會光滑沒有裂痕。
（＊8）如果沒有烤箱，也可以用電烤箱烤20～25分鐘。

夾入滿滿的蔬菜和起司

沙拉雞胸肉漢堡

材料 （2個份）

豆渣麵包的麵團（參考p.79）…全量
沙拉雞胸肉（薄片）…60～80g（MEMO＊1）
半切培根…2片
起司片…2片
捲葉萵苣…2片
番茄醬…2大匙

●準備

烤箱預熱至180℃。

作法

1. 將麵包的麵團分成2等分揉圓，放在鋪了烘焙紙的烤盤上，以180℃的烤箱烤20～25分鐘。
2. 培根用平底鍋煎香。
3. 將**1**切成一半的厚度，在下面的切口塗上番茄醬。依序擺上沙拉雞胸肉、**2**、起司、萵苣，然後放上另一半的麵包夾起來。最後插上叉子。

如果這樣做！

1個份	
醣類	**8.3**g
脂質	**12.8**g
244kcal	

平常的話…

市售品1個份	
醣類	**42.2**g
脂質	**14.6**g
401kcal	

MEMO

（＊1）雞肉火腿也OK！當然也可以使用漢堡排、可樂餅等。

禁忌的滋味？！這樣做就沒有罪惡感了！

火腿美乃滋卷

材料 （3個份）

豆渣麵包的麵團（參考p.79）…全量
火腿…3片
美乃滋…1大匙
披薩起司…適量
乾燥巴西里（如果有的話）…適量

●準備

烤箱預熱至180℃。

MEMO

（＊1）手上沾水比較方便作業。
（＊2）擺放時讓每一片火腿各重疊1/3。

作法

1. 將麵包的麵團放在烘焙紙上，擀成10×20cm左右的長方形（MEMO＊1）。
2. 塗上美乃滋，將火腿稍微重疊地擺上去（MEMO＊2），接著從靠近自己的位置拉起烘焙紙捲起來。末端要捏一下使其黏合。
3. 切成3等分、修整形狀，讓切口朝上放在鋪了烘焙紙的烤盤上。放上起司，如果有巴西里就撒上去，以180℃的烤箱烤20～25分鐘。

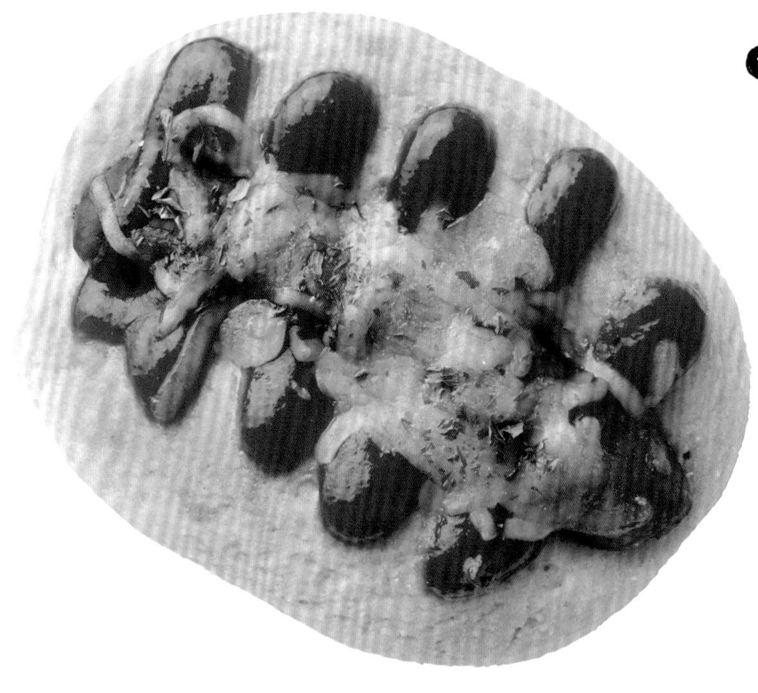

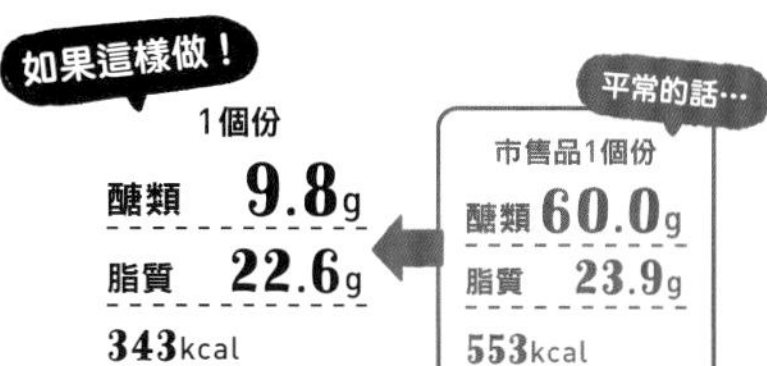

脆口又多汁♡ 孩子也好喜歡

維也納香腸麵包

材料 （2個份）

豆渣麵包的麵團（參考p.79）…全量
維也納香腸…2條
披薩起司…適量
番茄醬…1～2大匙
乾燥巴西里（如果有的話）…適量

●準備

烤箱預熱至180℃。

作法

1. 將麵包的麵團分成2等分，再揉成橢圓形。
2. 各放上一條香腸，淋上番茄醬、擺上起司。放在鋪了烘焙紙的烤盤上，以180℃的烤箱烤25分鐘。如果有巴西里就撒上去。

用豆渣麵包的麵團製作♪

follower's麵包recipe

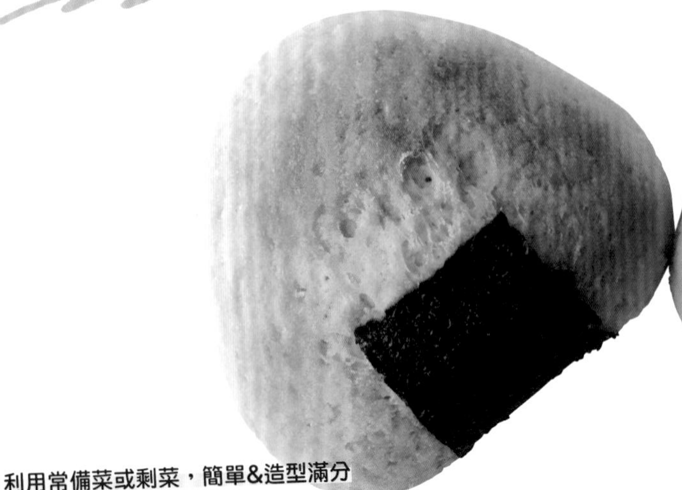

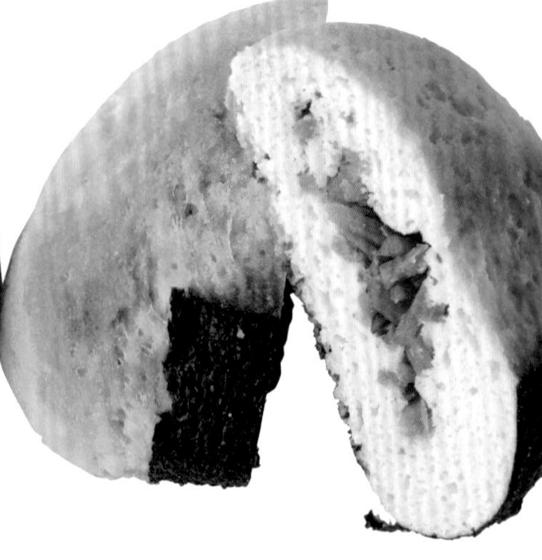

利用常備菜或剩菜，簡單&造型滿分

飯糰麵包 @bonbon_bodymake的點子

如果這樣做！

1個份

醣類 5.4g

脂質 6.1g

127kcal

平常的話…

市售品1個份

醣類 38.9g

脂質 7.0g

267kcal

材料 （3個份）

豆渣麵包的麵團（參考p.79）…全量

炒牛蒡絲…約30g（MEMO＊1）

烤海苔…適量

●準備

烤箱預熱至180℃。

作法

1 將麵包的麵團分成3等分，放在手掌上延展成薄薄的圓形，然後各放上⅓的炒牛蒡絲，捏合邊緣包起來。捏塑成三角形，包上海苔。

2 將**1**放在鋪了烘焙紙的烤盤上，以180℃的烤箱烤20～25分鐘。

MEMO

（＊1）也很推薦馬鈴薯燉肉、壽喜燒、明太子、醃芥菜等！

加了濃郁醬汁&美乃滋卻好健康

什錦燒麵包 @bonbon_bodymake的點子

材料 （3個份）

豆渣麵包的麵團（參考p.79）…全量

高麗菜（細末）…1片

火腿（細絲）…1片

什錦燒醬汁（減醣50%）…3大匙

美乃滋…1又½大匙

柴魚片…3大匙

●準備

烤箱預熱至180℃。

作法

1 將麵包的麵團分成3等分，放在手掌上延展成厚約2cm的圓形。稍微讓中央凹陷，放入高麗菜、火腿，然後淋上醬汁、美乃滋。

2 將**1**放在鋪了烘焙紙的烤盤上，以180℃的烤箱烤20～25分鐘。放上柴魚片。

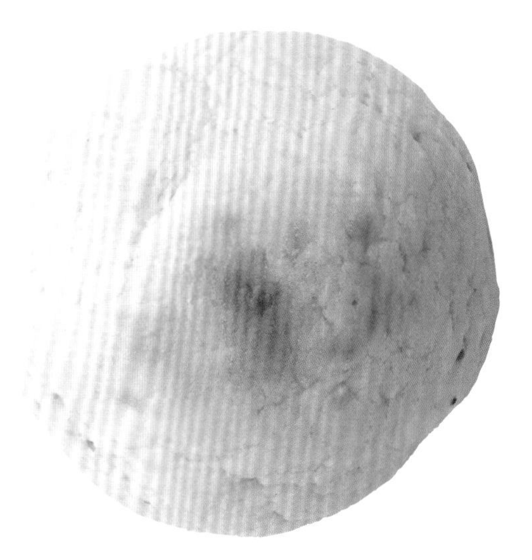

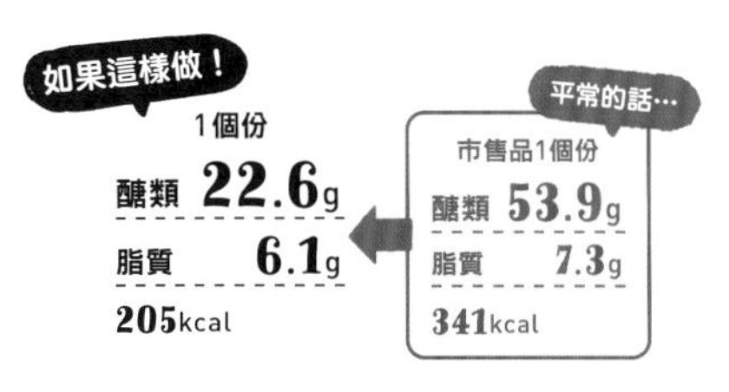

滿足對甜麵包的渴望

番薯紅豆麵包

@gohanno_nikki的點子

材料 （3個份）

豆渣麵包的麵團（參考p.79）…全量
番薯泥…4～5大匙（MEMO＊1）
紅豆粒餡…4～5大匙

●準備

烤箱預熱至180℃。

作法

1. 將麵包的麵團分成3等分，放在手掌上延展成薄薄的圓形，接著各放上⅓量的紅豆粒餡和番薯泥，捏合麵團的邊緣包起來。
2. 讓**1**的接縫朝下放在鋪了烘焙紙的烤盤上，以180℃的烤箱烤20～25分鐘。

MEMO

（＊1）番薯蒸熟後搗成泥狀。

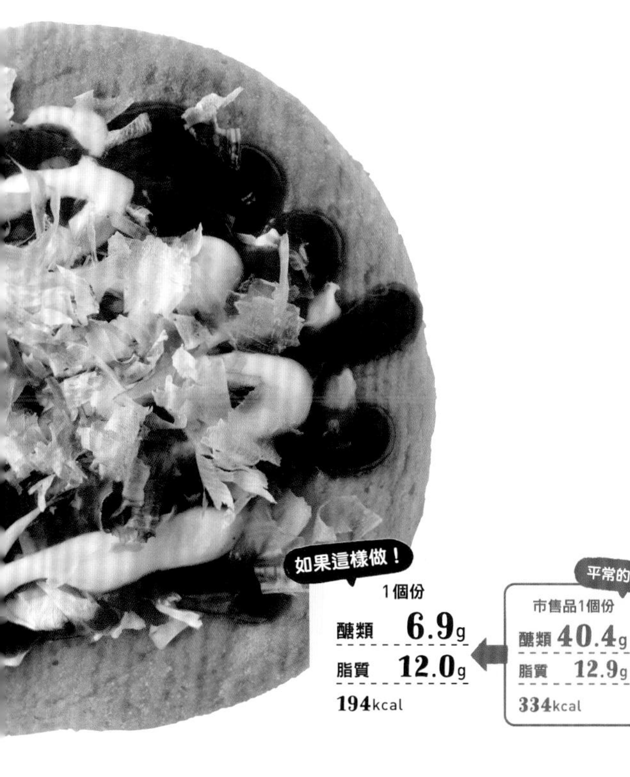

微波即完成！用電烤箱烤則是酥脆＆Q彈

英式馬芬風燕麥圓麵包

材料 （1個份）

A
- 燕麥片…25g
- 豆渣粉…7g
- 泡打粉…4g
- 羅漢果糖…3～5g（MEMO＊1）
- 鹽…1撮

原味優格（無糖）…80g

POINT

亦可用耐熱容器來製作。若要使用可微波加熱的蓋子，加熱時要留點縫隙。

作法

1. 在茶碗（MEMO＊2）中放入**A**用湯匙混勻，加入優格，充分攪拌到整體變得濕潤（MEMO＊3）。
2. 將表面整平，寬鬆地覆上保鮮膜，用微波爐（600W）加熱3分鐘。將茶碗翻過來，取出麵包放在廚房紙巾上，大致放涼。

POINT

亦可加入黑胡椒！

在**A**中加入少許的黑胡椒也十分美味。特別推薦將圓麵包做成漢堡和班尼迪克蛋！

剛出爐的麵包格外美味♪

直接吃很像有彈性的蒸麵包，用電烤箱烤過則會變成酥脆＆Q彈的英式馬芬。由於烤好後過一陣子會變得有點硬，請務必盡快享用！

可自由搭配！

樸實的滋味，不管是抹奶油乳酪或果醬，放上起司來烤，還是做成漢堡或班尼迪克蛋etc.……各種享用方式任君挑選。

MEMO （＊1）亦可用砂糖取代羅漢果糖。　（＊2）最好選擇小～中型左右的茶碗。由於麵團不會膨脹，茶碗太大的話，做出來的成品會很扁平。混合材料後，只要移入抹上少許油的茶碗中加熱，就能順利取出。　（＊3）最好用湯匙背面磨擦攪拌。

荷蘭醬通常
會使用奶油和蛋黃，
但是這份食譜都沒有使用！
喜歡的人也可以淋上
普通的荷蘭醬♪

用燕麥圓麵包做的

Q彈麵包配上滑嫩的蛋和醬汁簡直完美☆

班尼迪克蛋

材料（1人份）

燕麥圓麵包（參考p.84）…1個（MEMO＊1）
蛋…1顆
培根、酪梨…各適量（MEMO＊2）
小番茄、貝比生菜等（如果有的話）…各適量
粗粒黑胡椒…適量
《荷蘭醬》（方便製作的分量）（MEMO＊3）
美乃滋…1大匙
原味優格（無糖）…1大匙
番茄醬…1小匙
味噌…½小匙
檸檬汁…1小匙
羅漢果糖…½～1小匙（MEMO＊4）

作法

1 將燕麥圓麵包切成一半的厚度，加熱烘烤。
2 混合荷蘭醬所有的材料。
3 在耐熱的茶碗或馬克杯中打入蛋，用牙籤在蛋黃上戳2～3個洞（MEMO＊5）。加入足以蓋過蛋的水，寬鬆地覆上保鮮膜，用微波爐（600W）加熱1分鐘（MEMO＊6）。用湯匙輕輕地取出蛋，倒掉熱水。
4 培根用平底鍋煎香。酪梨切成方便食用的大小。
5 在**1**中夾入**4**、**3**盛入容器，淋上**2**，撒上胡椒。如果有的話就添上貝比生菜、小番茄。

MEMO
（＊1）改用蒸麵包（p.18）或鬆餅（p.16）也OK！燕麥圓麵包因為沒有使用蛋，很推薦給不想吃太多蛋的人享用。
（＊2）除此之外，也可以選擇沙拉雞胸肉、漢堡排、蘆筍等喜歡的配料。
（＊3）做出來的荷蘭醬大概可以吃兩餐，所以剩下的可以當成蔬菜的沾醬！
（＊4）1小匙做出來的味道很溫和！　（＊5）建議使用窄的馬克杯，這樣做出來的形狀比較圓。
（＊6）加熱到差不多有成形就可以！如果加熱時間不夠，就視情況每次多加熱10秒。

如果想要更瘦
可以試試看的正餐食譜

燕麥片做的 只需微波！不易破裂且香氣十足！

可麗餅

1個份（火腿）
醣類 18.9g
脂質 12.8g
260kcal

材料（直徑20cm 2片份）

A | 燕麥片…30g
羅漢果糖…10g
鹽…1撮

蛋…1顆

喜歡的餡料（例）：
火腿、起司片、萵苣、美乃滋…各適量
香蕉、豆腐奶油霜（參考p.56）、可可粉…各適量

作法

1. 在耐熱調理盆中放入A攪拌，加入水100g，覆上保鮮膜用微波爐（600W）加熱1分鐘（MEMO ＊1）。加入蛋，攪拌均勻。
2. 在大的耐熱器皿中鋪保鮮膜，用湯匙放上一半的1，延展成薄圓形（MEMO＊2）。不覆上保鮮膜，微波加熱3分30秒。大致冷卻後，連同保鮮膜上下翻面，取下餅皮。其餘的作法亦同。
3. 萵苣、火腿、起司、美乃滋、香蕉和奶油霜（MEMO＊3）等，放上喜歡的餡料捲起來。

MEMO
（＊1）燕麥片會變成粥狀。
（＊2）也可以做成好幾片小餅皮，開一場捲餅派對♪這時，請視情況將加熱時間調整成2分30秒左右。
（＊3）照片中的奶油霜，是在豆腐奶油霜中混入可可粉做成的。

蔬菜滿滿且低醣&低脂

豆渣做的

培根生菜卷

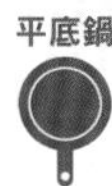

1條份
醣類 5.3g
脂質 7.6g
264kcal

燕麥片做的

帕尼尼

做成鹹食或甜點都沒問題！

平底鍋

1個份

醣類 **5.0**g

脂質 **13.2**g

263kcal

材料（1個分）

A | 燕麥片…20g
豆渣粉…10g
杏仁粉…10g（MEMO＊1）
羅漢果糖…5～10g
鹽…1撮
泡打粉…3g
洋車前子粉（車前草）…2g

喜歡的餡料（例）：

普羅旺斯燉菜、融化起司片…各適量（MEMO＊2）

作法

1. 在調理盆中放入**A**攪拌，加入水50～60g，用湯匙背面在盆底攪拌混合（MEMO＊3）到沒有粉感就聚集成團。
2. 將**1**放在烘焙紙上，擀成約為單手大小的橢圓形（MEMO＊4）。在一半放上起司、普羅旺斯燉菜，然後拉起烘焙紙對折，捏住麵團的邊緣使其黏合。
3. 連同烘焙紙放入平底鍋，蓋上鍋蓋，以小火煎約5分鐘。上色了就連同烘焙紙上下翻面，繼續煎約3分鐘。

MEMO

（＊1）如果沒有杏仁粉，就將豆渣粉改成15g。和有使用杏仁粉時相比，這樣的口感比較接近Q彈的烤餅。有的話還是建議使用杏仁粉！（＊2）除此之外，也可以選擇火腿、肉醬、咖哩肉醬、納豆、泡菜、巧克力、香蕉等餡料。（＊3）先加入50g的水攪拌看看，如果還有粉感就分次少量地加入。（＊4）手上只要沾水就不會沾黏，方便作業！也可以覆上保鮮膜，用擀麵棒擀開。

材料（直徑約30cm 1片份）

A | 豆渣粉…20g
洋車前子粉（車前草）…4g
羅漢果糖…5g
鹽…1撮

喜歡的餡料（例）：

紅萵苣、半切培根、起司片、小黃瓜、番茄…各適量（MEMO＊1）

美乃滋…適量

MEMO

（＊1）除此之外，也可以選擇紅蘿蔔絲沙拉、高麗菜絲、雞肉火腿、肉醬、水煮蛋等餡料。（＊2）有些種類的豆渣粉比較乾，如果麵團太乾無法成團，就分次加入少量的水。（＊3）煎太久皮會變硬，捲的時候也容易裂開，所以只要稍微上色就OK了！（＊4）事先在末端的皮上抹美乃滋，這樣就不易散開。（＊5）也可以用保鮮膜包著帶便當♪ 沒時間的話不靜置也沒關係，不過靜置一下皮會變得比較濕潤，不易散開。

作法

1. 在調理盆中放入**A**攪拌，加入水80g，用湯匙背面在盆底攪拌混合，聚集成團（MEMO＊2）。
2. 將**1**放在烘焙紙上，用手薄薄地延展成直徑30cm左右的大小。
3. 連同烘焙紙放入平底鍋，以中小火煎約5分鐘。等到邊緣變乾浮起就連同烘焙紙上下翻面，繼續煎1～2分鐘（MEMO＊3）。
4. 培根用平底鍋煎香。將小黃瓜切成棒狀，番茄切成半月形。
5. 將**3**放在保鮮膜上，在靠近自己的位置擺上萵苣、起司、**4**、美乃滋，像做海苔卷一樣捲起來（MEMO＊4）。用保鮮膜包著靜置一下，之後切成方便食用的大小（MEMO＊5）。

燕麥片做的

用微波爐輕鬆做出
有益腸胃的健康料理♪

培根蛋燉飯

完成為止 10分鐘　微波

材料　（1人份）

A｜燕麥片…25～30g（MEMO＊1）
｜豆漿（或牛奶）…160g
｜高湯塊（敲碎）…1個

喜歡的配料（例）：
半切培根…1片
洋蔥…¼顆
披薩起司…50g
蛋黃（依個人喜好）…1顆
乾燥巴西里（如果有的話）…適量

作法

1. 培根切細絲，洋蔥切末（MEMO＊2）。
2. 將**1**放入耐熱調理盆，寬鬆地覆上保鮮膜，用微波爐（600W）加熱1分30秒。
3. 加入**A**攪拌，寬鬆地覆上保鮮膜，微波加熱2分鐘。取出來撒上起司攪拌一下，繼續微波加熱30秒。
4. 盛入容器，放上蛋黃，如果有的話就撒上巴西里。

1人份
醣類 **26.4**g
脂質 **24.2**g
430kcal

MEMO
（＊1）25g的燕麥片做出來會是偏軟的濃稠燉飯，30g的口感則較硬。泡菜起司、擔擔風味燉飯也是一樣。
（＊2）加入¼包鴻喜菇也很好吃！

辛辣的醇厚滋味☆ 光是這一道就能大滿足

燕麥片做的

擔擔風味燉飯

1人份
醣類 **26.1**g
脂質 **9.3**g
287kcal

燕麥片做的

不需要砧板和菜刀！忙碌早晨還是疲憊的夜晚都適合◎

泡菜起司燉飯

完成為止 7分鐘　微波

材料（1人份）

A
- 燕麥片…25～30g
- 豆漿（或牛奶）…150g
- 日式高湯粒（如果有的話）…5g
- 泡菜…50g
- 起司片…20g

蛋黃（依個人喜好）…1顆
乾燥巴西里（如果有的話）…適量

作法

在耐熱調理盆中放入**A**攪拌。寬鬆地覆上保鮮膜，用微波爐（600W）加熱3分鐘。攪拌一下盛入容器，依個人喜好放上蛋黃。如果有的話就撒上巴西里。

1人份
醣類 **23.7**g
脂質 **15.4**g
328kcal

因為簡單&微波就好，
也很推薦當成
睡過頭時的早餐（笑）。
放進燜燒罐帶便當也GOOD♡

材料（1人份）

燕麥片…25～30g

A
- 豆漿（或牛奶）…150g
- 味噌…1小匙
- 雞湯粉…1小匙
- 砂糖（或羅漢果糖）…½小匙
- 蒜泥…½小匙（MEMO＊1）
- 薑泥…½小匙

喜歡的配料（例）：
豬腿肉薄片…30g
洋蔥…¼顆
小松菜…½把
鴻喜菇…¼包
青蔥（切蔥花）…適量
蛋黃…1顆份
一味辣椒粉（或七味）…適量
辣油…適量

作法

1. 洋蔥切成約5mm厚。鴻喜菇剝散，小松菜切成3cm長，豬肉切成方便食用的大小（MEMO＊2）。
2. 在耐熱調理盆中放入**1**和豬肉，寬鬆地覆上保鮮膜，用微波爐（600W）加熱3分鐘。
3. 加入**A**攪拌，讓調味料溶解。加入燕麥片攪拌均勻，寬鬆地覆上保鮮膜，微波加熱3分鐘（MEMO＊3）。撒上一味辣椒粉盛入容器，放上蔥、蛋黃，淋上辣油。

MEMO
（＊1）加了大蒜比較美味！但如果會在意口氣問題……那麼不加也OK。
（＊2）除此之外，也可以選擇雞絞肉、菠菜、韭菜、蔥、蕈菇類等。配料的種類和分量會影響加熱時間，請自行斟酌調整。
（＊3）等到燕麥片變軟、變濃稠就OK！

POINT
也能用這個湯頭做成擔擔麵！這時，要將所有調味料增加為1.5倍，做成濃重的調味。

輕鬆做出料多味美、
讓身心都滿足的料理♡

燕麥片做的

咖哩焗烤飯

微波＋烤箱

1人份
醣類 **25.8**g
脂質 **8.6**g
262kcal

材料 （1人份）

A
- 燕麥片……25g
- 豆漿（或牛奶）…80g
- 咖哩粉…5g
- 日式高湯粒（或高湯塊）…3g

喜歡的配料（例）：
- 雞絞肉…50g
- 洋蔥…½顆
- 綠蘆筍…2根
- 鴻喜菇…¼包
- 小番茄…3顆
- 披薩起司…50g
- 乾燥巴西里（如果有的話）…適量

作法

1. 洋蔥切成1cm厚，蘆筍斜切成3cm長。鴻喜菇剝散。
2. 在耐熱調理盆中放入**1**和絞肉，寬鬆地覆上保鮮膜，用微波爐（600W）加熱1分30秒～2分鐘（MEMO＊1）。
3. 加入**A**拌勻，寬鬆地覆上保鮮膜，微波加熱2分鐘。攪拌整體後放入焗烤盤或鑄鐵平底鍋，擺上小番茄、起司，以200℃的烤箱烤10～15分鐘直到上色。如果有的話就撒上巴西里。

MEMO
（＊1）請依照配料的種類和分量調整加熱時間。只要蔬菜軟化就OK。

微波！無米飯！小心欲罷不能

豆腐和燕麥片做的

蛋包飯

微波

1人份
醣類 **30.4**g
脂質 **16.3**g
399kcal

豆腐和燕麥片做的 拌入蛋白讓口感蓬鬆&增量

雞蛋拌飯

材料（1人份）

豆腐…100g（MEMO＊1）

A
- 燕麥片…25～30g（MEMO＊2）
- 蛋白…1顆份
- 日式高湯粒…½小匙（約2g）（MEMO＊3）
- 鹽…1撮

蛋黃…1顆份

泡菜、納豆、細蔥、炒白芝麻（依個人喜好）…各適量（MEMO＊4）

鹽、醬油、芝麻油（依個人喜好）…各適量（MEMO＊5）

作法

1. 在耐熱調理盆中放入豆腐搗碎。加入**A**混合攪拌，寬鬆地覆上保鮮膜，用微波爐（600W）加熱3分鐘。
2. 迅速拌開，盛入容器、放上蛋黃。依個人喜好放上泡菜、納豆、細蔥末，淋上鹽、醬油、麻油，最後撒上芝麻。

1人份
醣類 **19.8**g
脂質 **14.2**g
327kcal

MEMO

（＊1）豆腐可選擇嫩豆腐或板豆腐。嫩豆腐的口感比較鬆軟，板豆腐則較為紮實。兩者都不用去除水分。
（＊2）25g的燕麥片做出來會像偏軟的米飯，30g則是一般的米飯。因為是雞蛋拌飯，所以建議使用25g來製造柔軟的口感！ （＊3）可放可不放。 （＊4）除此之外，也可以加入一味辣椒粉、明太子、柴魚片等！
（＊5）超推薦搭配鹽＆芝麻油享用！

材料（1人份）

豆腐（板豆腐）…100g

燕麥片…25～30g

A
- 高湯塊…⅓個（MEMO＊1）
- 番茄醬…20～30g
- 羅漢果糖…5g

蛋…1顆

牛奶（或豆漿）…1大匙

鹽、胡椒…各少許

橄欖油…適量

乾燥巴西里（如果有的話）…適量

喜歡的配料（例）：

B
- 洋蔥（細末）…¼顆
- 青椒（細末）…1顆
- 紅蘿蔔（細末）…¼根
- 雞絞肉…適量

作法

1. 豆腐用廚房紙巾包起來用力擰，去除水分到剩下60g左右。放入耐熱調理盆中，用筷子攪碎。
2. 加入**B**攪拌，不覆上保鮮膜，用微波爐（600W）加熱2分鐘。混入燕麥片和**A**，不覆上保鮮膜，繼續微波加熱2分鐘。取出來攪拌一下，再次微波加熱2分鐘（MEMO＊2）。
3. 在大的耐熱器皿中薄塗橄欖油，打入蛋，加入牛奶、鹽、胡椒攪拌。寬鬆地覆上保鮮膜，微波加熱30秒。取出來攪拌一下，寬鬆地覆上保鮮膜微波20秒，然後取出來攪拌，再加熱10～20秒做成喜歡的狀態。
4. 將**2**盛入容器，放上**3**，如果有的話就撒上巴西里。

MEMO

（＊1）也可以使用日式高湯粒，兩者皆可以省略。
（＊2）如果喜歡鬆散、粒粒分明的口感，就再多加熱2分鐘♪

ふくのゆ

「自從認識彩乃小姐的料理後，我就沒長過痘痘了。**回老家時做給母親吃，她才吃一次排便狀況就獲得改善。**」

@t.m1107

「**燕麥片的無限可能性令人感動。**如果是吃這個，我就能堅持下去。真是營養豐富又美味！」

yoneazu

「產後掉不下來的體重，才半年就減少10kg。**孩子們也吃得津津有味♡ 真是感謝彩乃小姐讓我遇見可以放心做給孩子吃的點心（淚）。**」

能當正餐也能做成點心的燕麥片，真的是萬能！

@arimama_0902

「**先說結論，我產後成功減了20kg！**　而且我之前因為容易得乳腺炎，一直忍著不敢吃鮮奶油、奶油、炸物等，但是自從遇見彩乃小姐的點心，我的身心都獲得滿足♡ 排便次數也增加成1天2、3次呢！」

@hisahisanon

「多虧彩乃小姐，**我正值成長期的女兒才能夠健康瘦身，我這個做母親的也能放心地替她加油。**因為有機會和處於叛逆期的女兒一邊看著食譜，一邊笑著談論『這個好像很好吃耶』、『下次來做吧』，我們母女倆的感情也愈來愈深厚了。」

@yui_dietgram

「產後我的體重一直無法從63kg回到原本的數字，於是決定1天1次持續照著彩乃小姐的食譜，**用燕麥片做飯和點心來吃，結果現在瘦到55kg。**順道一提，**我先生也減了大約6kg。**」

トムトム

「原本進入停滯期動也不動的體重，居然1個月就減少了3kg！」

kakao

「彩乃小姐改變了我以往『減肥＝不能吃甜食、零食，必須將醣類和脂質攝取量降到最低』的概念。多虧有她，**我從忍耐超過極限就會暴食，變得不再復胖了♡**」

@diet_momojiri_saori

「因為有許多像馬芬、磅蛋糕這類**可以做好備用的料理，以及只需微波的料理**，所以對廚藝的挑戰度不高♡」

ゆっこ

「**每個月各減1kg，半年共減去6kg。**（35歲，151cm、52kg→46kg）除了飲食方面注重PFC均衡外，我也會做簡單的伸展、重訓，可以的話就做空氣跳繩。**要是沒有遇見彩乃小姐的食譜，我想我早就對減肥這件事感到氣餒了。**」

@naaa_miii1990

「我之前有上私人健身課3個月，當時得知了彩乃小姐的食譜。真的每一樣都好美味，讓我毫無壓力地逐步達成目標體重，成功減去7kg！」

肉桂捲（15）

「我是國中生。因為新冠疫情的關係，擔心母親哪天染疫的我從春天開始學做菜，而我就是在那時看到了彩乃小姐的食譜。連我這個超級新手也能輕鬆做出來，要是當初沒有遇見這份食譜，我大概會討厭下廚吧。**因為喝太多珍珠奶茶而變胖的身材，也因此產生了變化（笑）。**」

依情境分類的
食譜索引

適合特殊日子或活動的點心&輕食食譜

蛋白質豐富！可隨身攜帶&補充營養的點心食譜

稍微止飢用的常備食譜

不用烤的簡單甜點食譜

適合當下酒菜的食譜

忙碌早晨、居家辦公的中午、疲憊的夜晚也能快速出餐的食譜

假日的慵懶早午餐&悠閒晚餐食譜

STAFF
裝幀、本文設計　蓮尾真沙子（tri）
拍攝　佐山裕子（主婦の友社）
造型　本郷由紀子
營養計算　伏島京子
插圖　オフィスシバチャン
排版、文字　藤岡美穗（p.13-91）
編輯助理　平岩佳織
責任編輯　田村明子（主婦の友社）

參考文獻
《からだにおいしい あたらしい栄養学》
（吉田企世子、松田早苗監修／高橋書店）
《栄養科学イラストレイテッド 基礎栄養学第4版》
（田地陽一編／羊土社）

石原彩乃

愛知縣名古屋市出身，育有一兒一女。在Instagram（@ayn163_diet）上發表減醣・低脂的食譜。讓她自己也成功減下8kg的食譜，從甜點到正餐全都是滿足感極高、不像減肥餐的料理，大約一年半就擁有追蹤人數超過十萬的超人氣（截至2021年1月）。本業是護理師的她，結合自小便擅長的甜點製作和護理經驗，滿懷熱情地持續發想出有益美容與健康的食譜。也提供為企業設計食譜的服務。

驚!這麼好吃竟然是減醣＆低脂?!

告別節食地獄的
慾望系飽足餐

2021年9月1日初版第一刷發行

作　　者　石原彩乃
譯　　者　曹茹蘋
編　　輯　曾羽辰
美術設計　竇元玉
發 行 人　南部裕
發 行 所　台灣東販股份有限公司
＜地址＞台北市南京東路4段130號2F-1
＜電話＞(02)2577-8878
＜傳真＞(02)2577-8896
＜網址＞www.tohan.com.tw
郵撥帳號　1405049-4
法律顧問　蕭雄淋律師
總 經 銷　聯合發行股份有限公司
＜電話＞(02)2917-8022

TOHAN

國家圖書館出版品預行編目資料

告別節食地獄的慾望系飽足餐：驚!這麼好吃竟然是減醣&低脂?!/石原彩乃著；曹茹蘋譯. -- 初版. -- 臺北市：臺灣東販股份有限公司, 2021.09
96面；18.2×23.4公分
譯自：ヤセる欲望系おやつ：えぇっ!これで糖質&脂質オフ!?
ISBN 978-626-304-839-3(平裝)

1.點心食譜

427.16　　110012655